U0176360

图解
新派日式甜点
和式食材应用从入门到精通

[日] 田中真理 著　王晋瑜 译

中国 · 武汉

图书在版编目（CIP）数据

图解新派日式甜点：和式食材应用从入门到精通／（日）田中真理著；王晋瑜译.—武汉：华中科技大学出版社，2023.6

ISBN 978-7-5680-8220-4

Ⅰ.①图… Ⅱ.①田… ②王… Ⅲ.①糕点－制作－日本－图解 Ⅳ.①TS213.23-64

中国版本图书馆CIP数据核字（2022）第068361号

图解新派日式甜点：和式食材应用从入门到精通

Tujie Xinpai Rishi Tiandian: Heshi Shicai Yingyong Cong Rumen Dao Jingtong

［日］田中真理 著
王晋瑜 译

出版发行：华中科技大学出版社（中国·武汉）　电话：（027）81321913
华中科技大学出版社有限责任公司艺术分公司　（010）67326910−6023
出 版 人：阮海洪

责任编辑：莽　昱　谭晰月
责任监印：赵　月　郑红红　封面设计：邱　宏

制　作：北京博逸文化传播有限公司
印　刷：北京博海升彩色印刷有限公司
开　本：720mm × 1020mm　1/16
印　张：15
字　数：83千字
版　次：2023年6月第1版第1次印刷
定　价：168.00元

本书若有印装质量问题，请向出版社营销中心调换
全国免费服务热线：400−6679−118　竭诚为您服务

序言

日本的和食被联合国教科文组织认定为非物质文化遗产已有一段时间了。
现在法国料理中应用日本食材已经不是什么稀奇的事情了。
近年来，作为预防癌症和应对过敏症的食材，
日本食材被越来越多的消费者所青睐。

因此，本书记载了甜品领域中，
以日本食材为原料研发的部分配方。
此外，书中还普及了如何灵活运用各种食材、如何抓住制作要点等。

当然，追根溯源，本书提及的有些食材并非都来自日本，
书中也介绍了一些在日本料理中经常使用的非日本本土出产的食材。

正如法式料理店也会销售日本酒一样，
我想将“和”与“洋”巧妙融合，
进一步帮助大家更好地认识日本食材。基于此，我编纂了本书。
本书首先面对的人群是那些正在学习甜品以及对制作甜品感兴趣的人，
当然，如果还能帮助到更多的人，我将倍感荣幸。

田中真理

目录

凡例·制作甜品时的注意事项

- ◆ 烤箱和微波炉的加热时间是指大概的范围。因为机器型号有所差异，所以应边观察食材的状态边调整时间。
- ◆ 柑橘类加热后使用时，“净重XX克”是指过热水后计量的重量。煮的时候会因为含有水分而变重，所以一定要在煮过之后称量。
- ◆ 计量中若有香草荚和香草籽，是指在使用的时候，先剔除计量中的香草籽然后和已经刮完籽的香草荚一起使用。
- ◆ 使用黄油时，若无特别说明的情况下，均指无盐黄油。
- ◆ 柑橘类的果肉是指去除果肉外层的内果皮得到的果肉。
- ◆ 糖浆的“波美度30度”是指将1升的水与1350克砂糖混合煮至溶化，冷却后得到的糖浆。

#1

谷物杂粮类·豆类

Céréales, Graines

黑豆多样拼盘
Déclinaison de *Kuromame*

（译者注："Déclinaison" 指将相同的食材用不同的烹饪方法制作而成的拼盘料理。）
以正月料理中熟悉的黑豆为首，搭配黑豆茶和煎黑豆，黑豆变成以多种方式享用的甜点。
将黏糊糊的黑豆、黑豆茶做的啫喱、巧克力拌在一起，
加上脆脆的炒黑豆，各种各样的口感妙趣横生。

黑豆

Kuromame
Soja noir (Haricot noir)

DATA

分类	豆科大豆
主要产地	【丹波黑豆】兵库县、京都府、冈山县、滋贺县 【中生光黑豆】北海道
收获时间	9—11月
挑选方法	挑选没有虫蛀或划痕，颗粒大小均匀，没有褶皱，有弹性和光泽的豆子。
保存方法	放在密闭的容器里，放置在阴凉的地方保存。

黑豆

黑豆也被称为“黑大豆”“葡萄豆”，经常和大豆搭配。黑豆的黑色素中含有花青素。在日本，大豆有着强大的神奇的力量，黑豆在日本被认为是祭祀活动中不可缺少的食物，甜煮黑豆常用于年节菜。

◉使用示例

制作甜煮黑豆（见第10页），过滤后制成糊状，也可制成慕斯。

甜煮黑豆

炒黑豆

可以直接吃的黑豆，采用油炸或烘烤的方法制成，节分时节常制作炒黑豆。

◉使用示例

格兰诺拉麦片和胡桃糖薄脆片等，也可用研磨机搅拌成粗豆粉。

炒黑豆与杏仁帕林内薄脆片

黑豆茶

像制作煎茶一样，用煎制的手法将黑豆的香气呈现。

◉使用示例

从黑豆中提取液体状精华使用。例如使用在啫喱、布丁、冰激凌中等。

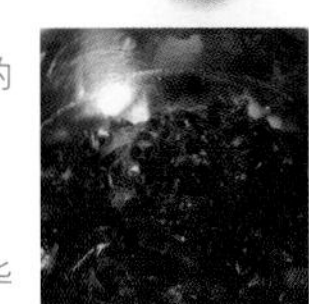

黑豆茶啫喱

◉ 用于制作甜点时的要点

避免使用味道强烈的调味料

要充分呈现黑豆的香味。不要使用会让黑豆丧失风味的浓重的调味料和刺激性的香辛料等。

享受食材的变化

黑豆茶、煎黑豆、黑豆粉……生活中有多种多样的黑豆加工品。首先考虑使用方法和口感等的不同，再考虑制作什么样的甜品。

黑豆粉

黑豆粉是将黑豆研磨粉碎后制成，豆子的香气浓郁。将黑豆在160摄氏度的烤箱里烤10分钟左右，香气会更浓郁。虽然市面上有售，但是也可以自己用研磨机研磨黑豆制作。

◉使用示例

与冰激凌、蛋糕等混合使用。因为黑豆粉有吸收水分的特性，所以要调整并配合比例，增加水的比重。

组成1

甜煮黑豆

Kuromame cuit

材料 容易制作的分量

黑豆……250克

水……1.5升

A 细砂糖……80克
黑糖……80克
小苏打……5克
食盐……2克
酱油……18克

蜂蜜……40～80克

制作方法

1 用大的厚壁锅将水烧开，放入**A**中的食材，将糖类溶解。关火。放入清洗过的黑豆，在常温下浸泡5小时。

2 用中火将**步骤1**的混合物加热，煮开后调成小火并去掉浮沫。

3 用烘焙纸做锅盖，调成小火煮3小时左右（为了不让黑豆从汤汁里流出，煮到快没水时，再加开水）。这时要注意，如果开大火咕嘟咕嘟地煮的话，就会把豆皮煮裂。

4 等到黑豆连皮煮软后（黑豆冷却后多多少少会变得硬一些，所以了解这点，将豆子煮得软一些），加入蜂蜜煮沸。煮沸后关火，不要取掉烘焙纸盖，保持原样，在常温下冷却。

组成2

黑豆茶啫喱

Gelée au thé de *Kuromame*

材料 8人份

水……500毫升

黑豆茶……7克

细砂糖……成品茶的6%

颗粒明胶*……成品茶的2%

* 省掉了泡水的程序，使用倒入温热的液体中就可以直接使用的颗粒状的明胶。

制作方法

1 用锅将水烧开，放入黑豆茶煮至沸腾。关火，盖上锅盖，继续焖10分钟左右。

2 过滤后取出黑豆茶。称量成品茶水的克数，按6%的细砂糖和2%的颗粒明胶的比例，分别称量所需的克数，加入茶水中溶解。

3

将盆底放入冰水中冷却，然后放入冰箱中冷藏凝固。使用时将啫喱切成适当的大小。

3

倒在铺有OPP薄膜的托盘上，粗略大致地铺展开。放入冰箱冷藏。

组成3

炒黑豆杏仁帕林内千层脆片

Praliné feuillantine au *Kuromame* grillé

材料　容易制作的分量

炒黑豆……55克

A | 杏仁帕林内……25克
　| 牛奶巧克力……35克

千层脆片……40克

制作方法

1

取$\frac{1}{3}$～$\frac{1}{2}$的炒黑豆，用刀粗略地切碎。

2

将**A**的食材放入盆中，用热水隔水加热的方法溶解。将其与**步骤1**的黑豆碎混合，加入剩下的炒黑豆和千层脆片，充分搅拌均匀。

组成4

牛奶巧克力雪芭

Sorbet chocolat au lait

材料　6人份

牛奶巧克力……95克

牛奶……250克

鲜奶油（乳脂含量35%）……70克

A | 细砂糖……20克
　| 稳定剂……4克

白兰地……8克

酸奶油……20克

制作方法

1. 将牛奶巧克力切碎放入盆中备用。
2. 将牛奶、鲜奶油放入锅中加热。然后加入混合好的**A**中的食材，搅拌，煮至沸腾。
3. 将**步骤2**的混合物趁热倒入**步骤1**的牛奶巧克力碎中，加入白兰地、酸奶油混合。用手持料理机搅拌均匀。
4. 将盆底放在冰水中冷却。然后使用冰激凌机加工制作。

【组合、盛盘】

材料 盛盘点缀用

银箔*……适量

1

将甜煮黑豆放在厨房纸上沥干。

2

将炒黑豆杏仁帕林内千层脆片切成同等大小的块，取20～30克放入盛盘用的容器中。加入30克黑豆茶啫喱。

3

用汤匙将牛奶巧克力雪芭挖成橄榄形，比对盛盘协调性放入。在啫喱上随意放上25克左右的煮黑豆，最后再用银箔装饰。

* 添加食用金箔或银箔违反了《食品安全法》。请勿模仿。

红豆白桃陶罐糕

Terrine d'*Azuki* et pêches blanches

（译者注："Terrine"在法语中指陶罐或陶制盖碗食品。）

其实，很多人不喜欢红豆煮熟后的粗糙口感，

如果不在乎这一点，煮红豆是很美味可口的。这才是制作的要点和出发点。

在淡雪羹和芝士蛋糕中混合红豆馅，搭配多汁的糖煮白桃，

做成陶罐糕后口感细腻，是令人满意的一道料理。

红豆

Azuki

Haricot azuki (Haricot rouge)

红豆

红豆3世纪左右传入日本。因红色具有驱魔的力量，自古以来日本人会在庆祝活动和仪式上使用红豆。它也是制作红豆饭和日式点心中不可缺少的食物。大颗粒的红豆被称为“大纳言小豆”，主要用于制作红豆馅。

DATA

分类	豆科 豆角属 红豆亚属
主要产地	北海道、兵库县、京都府
收获时间	8—10月。新豆从11月初开始摆放在店里销售。
挑选方法	尽量选择新鲜的红豆。新鲜的豆子呈鲜亮的红色，饱满圆润，颗粒均匀。

豆馅粉

粉末状的豆沙馅。用热水将其复原，反复除去涩液2～3次后加入砂糖熬煮就可以制成豆沙馅。

◉ 用于制作甜点时的要点

和味道浓郁的水果很搭配

红豆同巧克力和水果很搭配，水果可以选择草莓和橙子等味道鲜明的食材。味道清淡的水果就不太合适了。

从口感和颜色等方面来考虑构成

煮过后口感粗糙的红豆，同细腻口感的桃子、草莓、麝香葡萄和柑橘类等水果搭配容易取得口感平衡。此外，注意到红豆独有的红色，也是甜品摆盘构思的一个方法。

◉ 煮红豆时的要点

不用浸泡，直接煮制

红豆不必事先浸泡在水里，直接加水煮制就可以。如果用水浸泡的话，只有外侧皮中含有水分，反而使皮变得容易破裂。给豆子添加甜味的最佳时间，是要在豆子煮软之后再加糖和盐。

“除涩”是根据个人喜好而定的

所谓除涩，是指在煮红豆之前，过水焯几次，去除皮中含有的涩味（涩味和灰汁/浮沫）的工作。但是，除涩过度，红豆的美味也会消失，一定要注意。新豆涩味少，所以也有不需要除涩的情况。

用糖来改变风味

红豆基本上是加糖煮，但根据加入糖的种类不同，可以改变成品的味道。除了细砂糖和精制糖，还会使用风味独特的粗黄糖和蜂蜜等。

◉ 使用示例

可以混在芝士蛋糕、戚风蛋糕、淡雪羹、慕斯和冰激凌中使用。根据个人喜好也可将煮红豆、豆粒馅、豆沙馅分开使用。

煮红豆

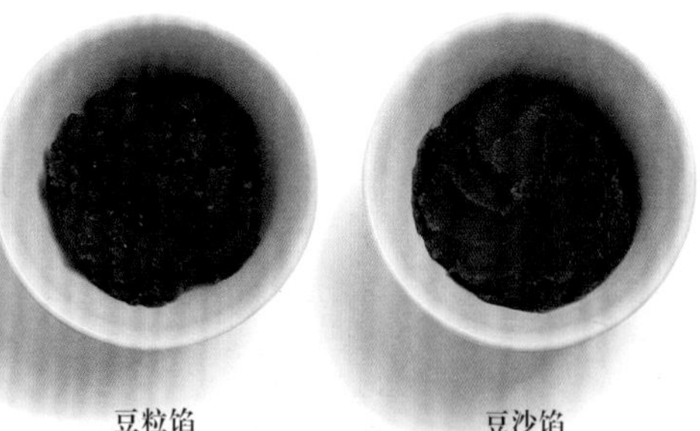

豆粒馅　　豆沙馅

组成1

煮红豆

Azuki cuit

材料 容易制作的分量

红豆……125克

水……适量

A | 细砂糖……75克
  | 粗黄糖……25克

蜂蜜……25克

制作方法

1

将红豆清洗后沥干水。把红豆和足够的水放入锅中开火，煮开后过滤再沥干水，同样的工序重复操作一遍。

2

在锅里放入沥干水的红豆，加入没过红豆的水，开火煮制。煮沸后调小火，用剪成圆片的烘焙纸做锅盖，大致煮1小时左右，其间时不时撇去浮沫和灰汁（为了不让红豆从煮汤里溢出来，注意时不时地给红豆加点水）。→制作豆沙馅时，请参考本页右侧的“适用1”。

3

将A中的食材混合备用，等红豆皮煮软后先加⅓A食材的量，仍用小火煮至即将沸腾。同样的步骤重复操作两次，一点点地加入A食材*。最后加入蜂蜜搅拌。→制作红豆馅时，请参考本页右侧的“适用2”。

* 一次性加入甜味剂的话，红豆会变硬，所以要一点点地分次加入。

适用1

豆沙馅的制作方法

Koshian

Pâte d'*Azuki* tamisée

1

在大盆上架上万能过滤器，把皮已经煮软但还没有加甜味剂的水煮红豆（左栏步骤完成至**步骤2**的红豆）倒入盆中。将过滤器底部稍微浸在水中，边浇水边用橡胶铲压碎煮过的红豆再过滤去皮。

2

往盆中的红豆汁里加入足够的水搅拌，然后放置5分钟左右，等待红豆沉淀，倒掉红豆上层的水。用同样的方法重复操作2～3次，直到红豆表面的水澄清。

3

在过滤用具上放上干净的抹布（纱布）或者厚的厨房用纸，将**步骤2**的红豆过滤。包好残留在抹布（纱布）中的豆馅，用力拧干水分。

4

将**步骤3**的豆馅放入锅里，加入水50克、砂糖125～150克，开火熬煮，用橡胶铲搅拌熬煮至自己喜欢的状态。

适用2

豆粒馅的制作方法

Tsubuan

Bouillie d'*Azuki* sucrée

1

将煮好的红豆放入锅中，尽量不要把颗粒捣碎，一边用橡胶铲搅拌一边用小火熬煮。

2

煮到能用橡胶铲在锅底上写“一”字就完成了。取出放入方盘冷却。

组成2

红豆白桃陶罐糕

Terrine d'*Azuki* et pêches blanches

1. 红豆芝士蛋糕

Cheesecake à l'*Azuki*

材料 10～12人份（长8厘米×宽25厘米×高6厘米的陶罐模具1个）

奶油芝士……100克
豆沙馅（可使用市场销售的）……70克
细砂糖……30克
蛋黄……5克
鸡蛋……40克
A | 低筋粉……4克
　| 玉米淀粉……4克
酸奶油……20克
黄油（涂模具用）……适量

制作方法

1

在陶罐模具的底部涂抹黄油，将烘焙用纸铺在底部，将**A**中的食材混合过筛。

2

将奶油芝士放入耐热器皿里，用微波炉稍微加热至恢复常温状态。按配方的顺序从豆沙馅到酸奶油依次加入，每加入一种材料都需搅拌均匀。

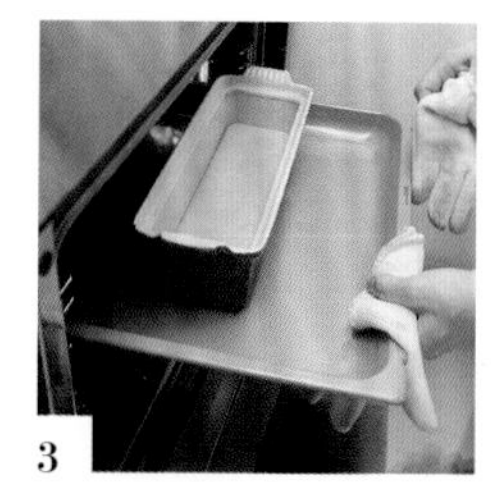

3

将上述混合物倒入陶罐模具中，表面整理平整，放在烤盘上，用预热160～180摄氏度的烤箱烤13～14分钟（不想给蛋糕上色的情况下，用120～140摄氏度的炉温烤20分钟左右）。

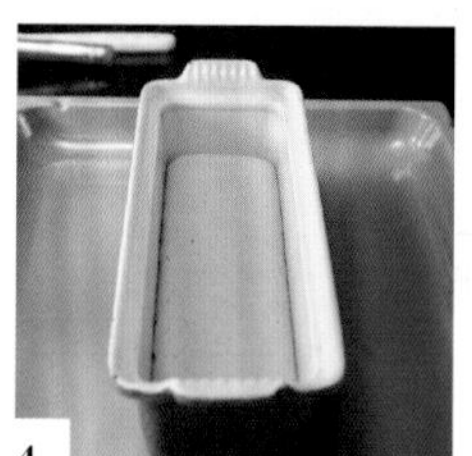

4

烤至表皮完美后取出，自然冷却。

* 表面凹进去的话是没有烤熟，表面裂开的话是烤过头了。

2. 红豆淡雪羹

Gelée d'*Azuki*

材料 10～12人份（边长15厘米的四方模具1个）

棒寒天……6克
A | 水……100克
　| 细砂糖……25克
　| 食盐……1克
蛋清……80克
煮红豆（见第15页）……100克

制作方法

1

将棒寒天用冷水浸泡10分钟。将模具放在支架上，在底部和侧面喷洒酒精，铺上OPP膜或保鲜膜。

2

将棒寒天泡至边角全部柔软状态，将水滤干，切成小块放入锅中。把**A**中的食材一并加入，搅拌加热至沸腾。

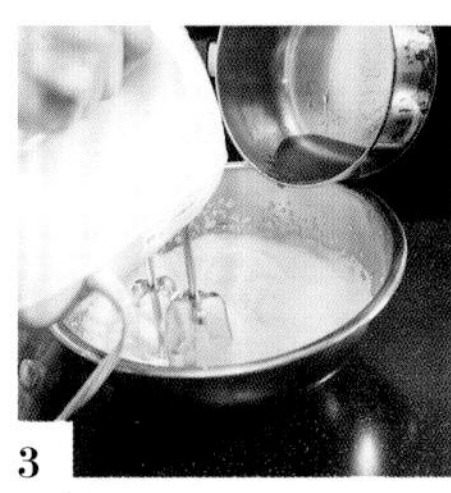

3

将蛋清放入盆中，用手持打泡器将蛋清打发至凝固。在搅拌机工作的状态下将**步骤2**的混合物一点一点地加入，搅拌打发并冷却到肤感温度。

4

将煮红豆放进微波炉轻微加热至肌肤的温度，取少量**步骤3**的混合物加入并混合搅拌。然后将其放回剩下**步骤3**的食材中，用橡胶铲快速搅拌。

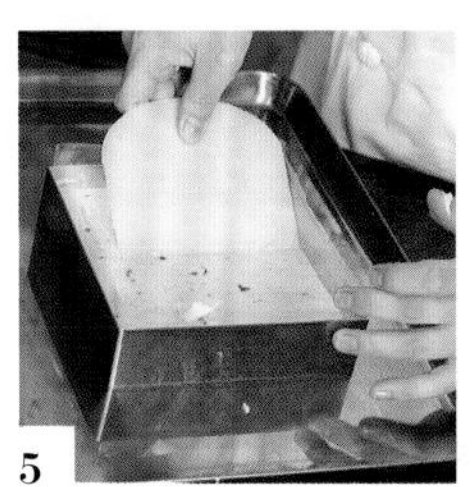

5

将**步骤4**的食材倒入模具中，表面用刮板梳理平整。放入冰箱里冷却1小时以上。

3. 糖煮白桃
Pêches blanches pochées

材料　10～12人份（长8厘米 × 宽25厘米 × 高6厘米的陶罐模具1个）

白桃……2个

A
- 水……250克
- 细砂糖……80克
- 覆盆子果泥……30克
- 柠檬汁……10克
- 维生素C……6克

制作方法

1. 用锅将水烧开，将白桃放入锅中10秒左右，然后过冰水剥皮，切成8～10等份的月牙形状。
2. 将**A**中的食材放入锅中煮开，加入白桃然后调成小火，加热至80摄氏度左右。
3. 将其移到盆中，保持原状，在常温下冷却。为了防止空气进入表面，用保鲜膜包好，放入冰箱冷藏熟成一天。

4. 白桃啫喱液
Gelée de pêches blanches

材料　10～12人份（长8厘米 × 宽25厘米 × 高6厘米的陶罐模具1个）

板状明胶……8克

糖煮白桃的糖浆（参考“糖煮白桃”）……240克

制作方法

1. 将板状明胶用冰水复原。从糖煮白桃中取出白桃，将剩下的糖浆加热到45摄氏度左右，把拧干水分的明胶加入其中混合溶解。
2. 将其移到盆里，将盆底放入冰水中，搅拌至黏稠状。

5. 完成

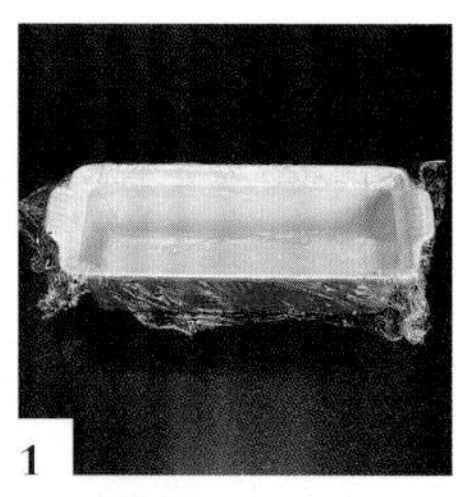

1

给陶罐模具（长8厘米 × 宽25厘米 × 高6厘米）的内侧喷洒酒精，将能包住陶罐冻的保鲜膜3层重叠，贴附在模具内备用。把糖煮白桃放回白桃啫喱液里搅拌混合。

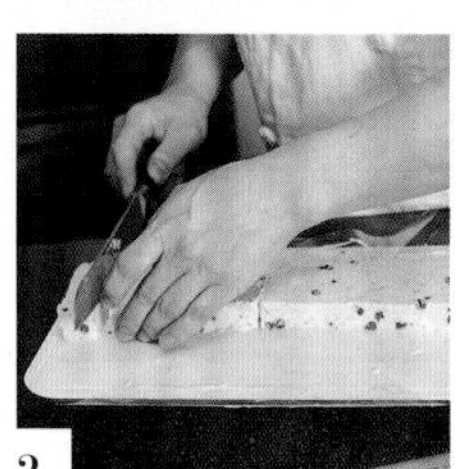

2

将淡雪羹从陶制模具和OPP膜中取出，对半切开，横向排列，长度结合陶罐模具（内径）进行切割。

3

将**步骤1**制成的白桃啫喱液按1厘米左右的厚度倒入陶制模具中。

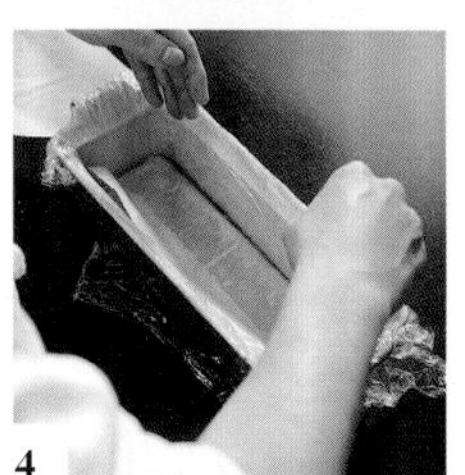

4

将红豆芝士蛋糕粘有烘焙用纸的一面朝上，放入陶罐模具中，轻轻按压，除去里面的气泡，然后撕掉烘焙纸。

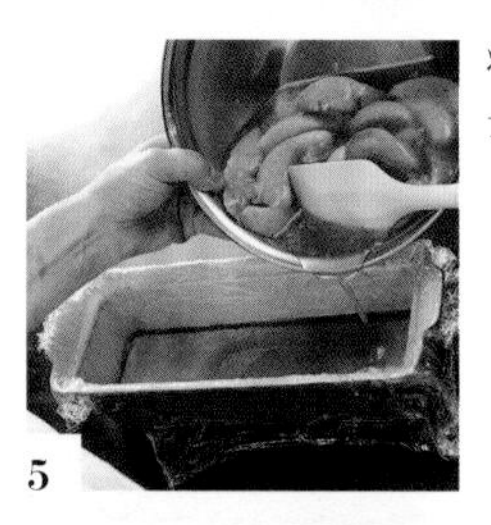

5

将啫喱液薄薄地覆盖在芝士蛋糕上。

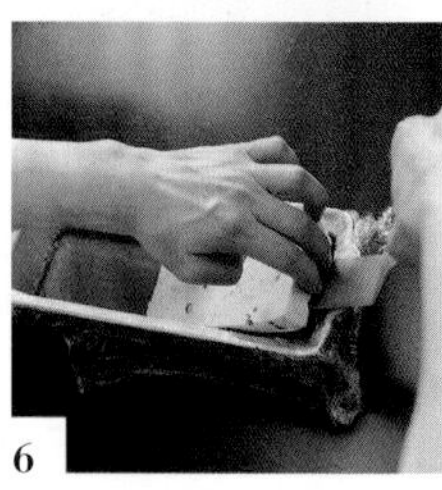

6

将淡雪羹重叠放入，用抹刀从上面水平按压。

7

将糖煮白桃摆放平整，把剩下的啫喱液添加到刚没过白桃的程度。

8

用保鲜膜包好，放入冰箱冷藏凝固半天以上。

【组合、盛盘】

材料　完成加工用

银箔………适量

1

将陶罐糕取出，切成1.5厘米宽。取掉保鲜膜，摆入盛盘中。

2

在陶罐糕的内侧和前侧，用煮红豆画直线装饰。用银箔点缀装饰。

荞麦甜品杯

Coupe au *Soba*

（译者注：法语中“Coupe”指矮脚、宽口的盘和钵，也指这种容器里盛着冰激凌、水果、鲜奶油等的甜点。）

近几年，荞麦籽备受瞩目。
用牛奶慢慢煮荞麦籽，做成法国经典甜品米拿铁。
搭配荞麦茶冰激凌、荞麦粉瓦片球，
完成时撒上烘烤过的荞麦籽，香气四溢。
法式米拿铁用的荞麦籽，凉了后就会变硬，
建议在热的状态下享用。

荞麦

Soba
Sarrasin

DATA

分类	蓼属
主要产地	北海道、茨城县、栃木县等
主要输入国	中国、美国、加拿大
保存方法	荞麦籽和荞麦粉冷冻保存，荞麦茶常温保存

荞麦籽

荞麦籽是荞麦的果实，成品去掉了黑色的外皮（荞麦壳），也被称作“拔籽”。

◉使用示例

除了煮、蒸，还可以用烤箱烘烤出焦香，也可和白米混在一起蒸煮。

荞麦籽法式米拿铁（见第21页）

荞麦烫糕（见第228页）

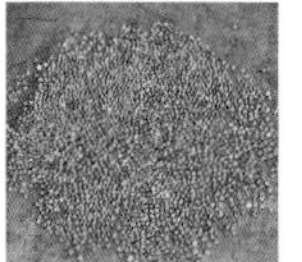

烘烤荞麦籽（见第23页）

荞麦米

将荞麦籽煮熟或蒸熟后剥去外皮，干燥而成，在长野、德岛、山形被用作乡土料理。

荞麦茶

用去掉黑色外皮的荞麦籽，烘焙出香气，煎焙加工制成茶。

◉使用示例

将荞麦茶的精华提取成液体使用。例如荞麦茶冰激凌（见第21页）、奶油、慕斯、布丁等。

荞麦粉

将除去外皮的荞麦籽磨成粉末就是荞麦粉。荞麦粉是荞麦面的原料。根据制粉方法的不同，分为一号粉、二号粉、三号粉、四号粉，也有连外皮一起磨制的带皮碾磨粉。在法国，荞麦粉可丽饼很有名。

◉使用示例

仅用荞麦粉和小麦粉混合使用。例如荞麦粉瓦片球（见第22页）、萨布雷饼干等。

◉ 用于制作甜点时的要点

发挥荞麦面细腻的风味

荞麦面的魅力在于香而细腻的风味。作为甜点，仅利用荞麦的味道也可以，但在搭配时，为了保持荞麦的风味不受破坏，应避开有强烈气味的食材。

选择新鲜的

荞麦籽和荞麦粉很容易失去香味和新鲜度，应该尽早使用。推荐用冰柜保存。

组成1

荞麦籽法式米拿铁

Graines de *Soba* au lait

材料　4～5人份

荞麦籽……100克
牛奶……750克
粗黄糖……75克
食盐……1克

制作方法

1 将荞麦籽在水中浸泡30分钟。

2 将沥干水分的荞麦籽和其他所有材料一起放入锅中开火加热。煮至沸腾后调小火，需要时不时搅拌，大约煮40分钟。煮到荞麦籽变软，牛奶的汤汁变得黏稠，比没过荞麦籽略高的程度就可以了（提前考虑到荞麦籽冷却后会稍微地变硬，因此将其熬煮到较软的程度）。

3 关火后将其移到盆里，把盆底放入冰水中搅拌冷却。

＊ 用冰箱保存。只限当日用完。

组成2

荞麦茶冰激凌

Crème glacée aux graines de *Soba* torréfiées

材料　15人份

A
牛奶……600克
鲜奶油（乳脂含量35%）……140克
麦芽糖……20克

荞麦茶……60克

B
粗黄糖……80克
稳定剂……2克

制作方法

1 将**A**中的食材混合放入锅中点火熬煮。沸腾后关火放入荞麦茶，盖上锅盖，继续焖10分钟左右。

2 将混合好的**B**中的食材加入**步骤1**的食材中，再次煮沸。

3 将**步骤2**的食材过滤后放入盆中，用橡胶铲挤压荞麦茶，同时将荞麦茶的精华充分排出。将盆底放入冰水中边搅拌边冷却，然后用冰激凌机制作。

组成3

蓝莓果酱

Marmelade de myrtilles

材料 5人份

蓝莓……200克

柠檬汁……6克

A | 细砂糖……16克
  | NH果胶……4克

制作方法

1. 将A中的食材混合备用。
2. 将蓝莓和柠檬汁放入锅中，用橡胶铲将蓝莓轻轻碾碎煮开。
3. 将混合后的A中的食材加入**步骤2**中的食材中搅拌，再次煮至沸腾。关火。保持原状冷却。

组成4

荞麦粉瓦片球

Tuiles à la farine de *Soba*

材料 容易制作的分量

黄油……30克

糖粉……30克

蛋清……28克

荞麦粉……35克

制作方法

1

将恢复常温的黄油、糖粉放入盆中，用打蛋器混合搅拌。先加入蛋清搅拌，再加入荞麦粉搅拌。

2

将面糊用抹刀在烘焙布上薄薄地抹至10厘米 × 20厘米左右的大小，用三角梳划线。

3

将面糊连同烘焙布一起放在烤盘上，放入预热至160摄氏度的烤箱中烤10分钟左右。

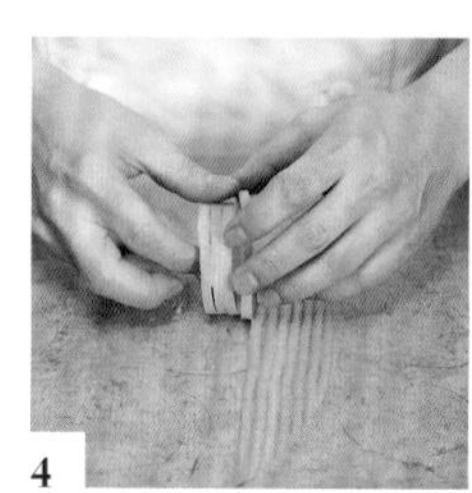

4

趁热各取3～4根，按装盘用的玻璃杯大小粗略地整成球形后，放在托盘上直接冷却。

组成5

烘烤荞麦籽

Graines de *Soba* torréfiées

材料 容易制作的分量

荞麦籽……适量

制作方法

1. 在铺有烘焙布的烤盘上铺上荞麦籽。
2. 在预热至150～170摄氏度的烤箱中将荞麦籽烤15分钟左右。

【组合、盛盘】

1

在盛盘用的玻璃杯里盛入25～30克蓝莓果酱。

2

注入100毫升荞麦籽法式米拿铁。

3

将用汤匙挖成的橄榄形荞麦茶冰激凌放在上面。

4

在冰激凌上摆放荞麦粉瓦片球，撒上烘烤荞麦籽。

芝麻多样拼盘
Déclinaison de *Goma*

芝麻多样拼盘通常是用美国杏仁或榛子制作的帕林内配上黑、白芝麻。
而且，芝麻瓦片脆饼也使用了黑、白两种颜色的芝麻。
应用相得益彰的芝麻和无花果的组合，呈现出香醇的芝麻拼盘。

芝麻

Goma
Sésame

DATA

分类	芝麻属
产地	印度或埃及
主要输入地	非洲、拉丁美洲和亚洲
保存方法	放在可密封的容器或袋子中，置于阴凉处保存。

白芝麻

白芝麻全球都有种植，在日本也备受欢迎。与黑芝麻相比，它的油脂含量较多。除了炒芝麻，还有芝麻末和芝麻碎。

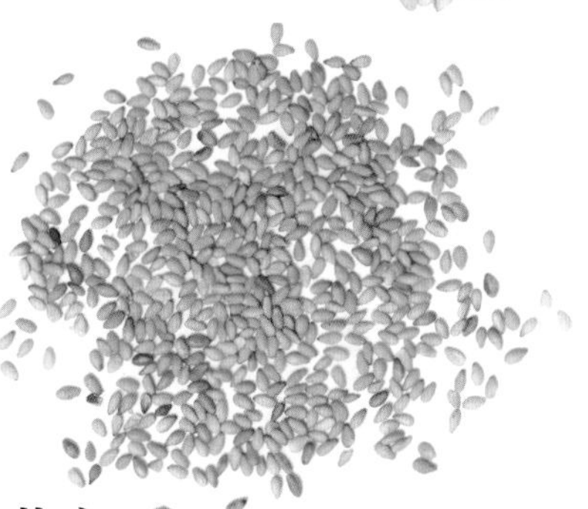

金芝麻

味道醇厚，香味很好。土耳其产量居多，近年来日本国内的产量也在增加。金芝麻也叫“黄芝麻”“茶芝麻”。

黑芝麻

黑芝麻香气浓郁，含有具有抗氧化作用的多酚色素——花青素。

芝麻瓦片饼　芝麻帕林内

◉使用示例

除了芝麻帕林内（见第26页）、芝麻瓦片饼（见第27页），还可以将芝麻加入蛋糕中。

白芝麻酱/黑芝麻酱

将烘焙过的芝麻捣碎成糊状。当油脂和芝麻分离的时候要充分混合使用。

◉使用示例

除了黑芝麻冰激凌（见第28页），还可以用在夹在布丁、慕斯、马卡龙里的奶油中，也可以揉进蛋糕坯里。

黑芝麻冰激凌

◉ 用于制作甜点时的要点

无花果和巧克力是最佳搭配

芝麻和无花果是相辅相成的组合。另外，它和巧克力也很搭配。

用两种颜色的芝麻做出变化

使用白色和黑色两种颜色的芝麻，即使是同样的甜品，外观和味道也会有变化。

现场研磨芝麻

虽然市场上有事先磨好的芝麻，但与之相比，在需要时现磨炒芝麻使用，更能呈现风味且更可口。

考虑芝麻酱的油脂含量

因为芝麻酱中含有大量的油脂，所以在使用的时候，需要控制其他油脂（黄油等）的添加量。

组成1

芝麻帕林内奶油

Crème au praliné de *Goma*

材料 10人份

鲜奶油（乳脂含量35%）……100克
酸奶油……100克
芝麻帕林内（参照右栏）……60克
板状明胶……1克

制作方法

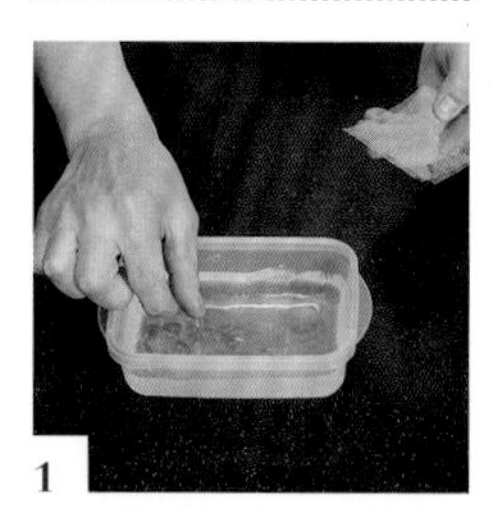

1 用冰水泡板状明胶备用。

2 将鲜奶油和酸奶油放入盆中，打发至七分发泡。

3 将挤干水分的明胶放入耐热容器中，加入少量的**步骤2**中的食材，放入微波炉轻微加热，搅拌融化。然后将其倒回**步骤2**的盆中，搅拌均匀。

4 用打蛋器将**步骤3**的食材轻轻打发至起泡后，加入芝麻帕林内搅拌，使其稍微变软。冷藏保存。

芝麻帕林内

Praliné de *Goma*

材料 容易制作的分量

炒黑芝麻……100克
炒白芝麻……100克
A | 水……30克
　| 细砂糖……100克

制作方法

1 将**A**中的食材放入锅中，用中火煮至120摄氏度。

2 关火，加入黑、白两种颜色的芝麻，用橡胶铲持续快速混合搅拌，芝麻被结晶后的白色砂糖包裹（结晶化），锅底也沾有白色结晶，搅拌至芝麻颗粒分散开为止。

3 再次打开中火，搅拌至砂糖呈焦糖化。

4

将**步骤3**的食材在烘焙布上铺展开，冷却。

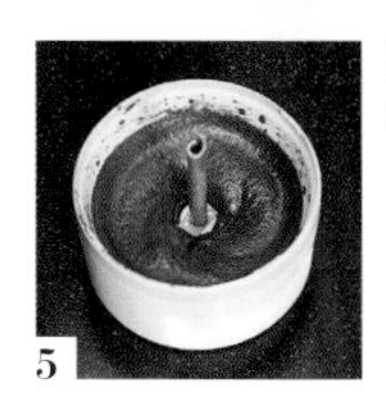

5

用研磨器打成柔软的糊状。

组成2

芝麻瓦片饼

Tuiles au *Goma*

材料 15人份

炒黑芝麻……50克

炒白芝麻……50克

A
- 鲜奶油（乳脂含量35%）……15克
- 黄油……30克
- 细砂糖……30克
- 液体糖浆……30克

制作方法

1

将**A**中的食材放入锅中，开火搅拌至乳化。

2

沸腾后从火上取下，将黑白两种芝麻加入锅中搅拌均匀。

3

将**步骤2**的食材放在铺有烘焙布的烤盘上，按适当的大小铺展开。放进预热至170摄氏度的烤箱中约烤20分钟，烤至全部上色。

4

取出后趁热切成宽5厘米的带状，再按底部3厘米左右切成三角形。

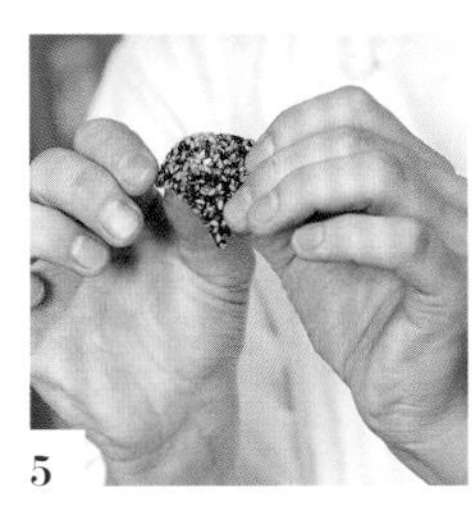

5

用手轻轻地将瓦片饼弯成弧形，放到盘子里冷却。如果变硬不易弯成弧形时，可以放入烤炉中，用余温使其变软后再加工。

组成3

黑芝麻冰激凌

Crème glacée au *Goma* noir

材料 6人份

A | 牛奶……180克
鲜奶油（乳脂含量35%）……45克
液体糖浆……10克

蛋黄……45克

粗黄糖……35克

黑芝麻酱……60克

制作方法

1

锅中放入**A**中的食材搅拌，加热至即将沸腾。

2

将蛋黄、粗黄糖放入盆里搅拌，把**步骤1**中一半的食材加入盆中搅拌均匀，再移回锅中一起搅拌并加热至83摄氏度。

3

将**步骤2**的食材过滤到盆里，加入黑芝麻酱搅拌。

4

用手持搅拌机搅拌均匀。将盆底放入冰水中边搅拌边冷却，然后用冰激凌机制作。

组成4

无花果果酱

Marmelade de figues

材料 15人份

无花果……1千克

A | 橘皮屑……20克
橙汁……150克
树莓果泥……30克

B | 细砂糖……20克
NH果胶……10克

制作方法

1. 将无花果带皮切小块。混合**B**中的食材备用。
2. 将无花果和**A**中的食材放入锅中点火，搅拌至沸腾。加入**B**中的食材混合，移到盆里，用手持搅拌机搅拌。
3. 再次倒入锅中，开火煮至沸腾。

【组合、盛盘】

材料 盛盘点缀用

无花果……适量

1

将无花果按月牙形八等分，刀子平行沿边剥皮。

2

用汤匙将无花果果酱分别倒在盘子的上部和下部。在果酱旁边放上圆形的芝麻帕林内。

3

将**步骤1**切好的无花果大体摆放3块。

4

为了防止冰激凌滑动，放上少量掰碎的芝麻瓦片饼。另在无花果上插2片芝麻瓦片饼。

5

在**步骤4**的芝麻瓦片饼的上面摆放用汤匙挖成的橄榄形黑芝麻冰激凌。

发芽糙米意式焗饭配焦糖菠萝

Risotto de *Genmai* germé, ananas caramélisé

一开始，我想用糙米粉制作一种像意大利玉米饼一样的甜点，但我被发芽糙米的颗粒感所吸引，于是就改做意大利烩饭。发芽糙米适合和焦香的食物搭配，所以我搭配了坚果、粗黄糖、焦糖菠萝等。

糙米

Genmai
Riz complet

DATA

原料	水稻的种子（粳米）
收获时间	9—10月

发芽糙米

糙米是粳米去掉稻壳后制成的。将糙米浸在水中，使其发芽，得到发芽糙米。其含有维生素、矿物质、食物纤维、GABA。比起糙米，我更推荐用发芽糙米做甜点。因其浸水时间短，味道也容易接受。

发芽糙米意式焗饭

◉使用示例

糙米可以煮，也可以用发芽糙米制作意式焗饭（见第32页）。煮好后在太阳下晾晒一周，油炸后就做成锅巴，如果再加上水果沙拉等就成为一道甜点。

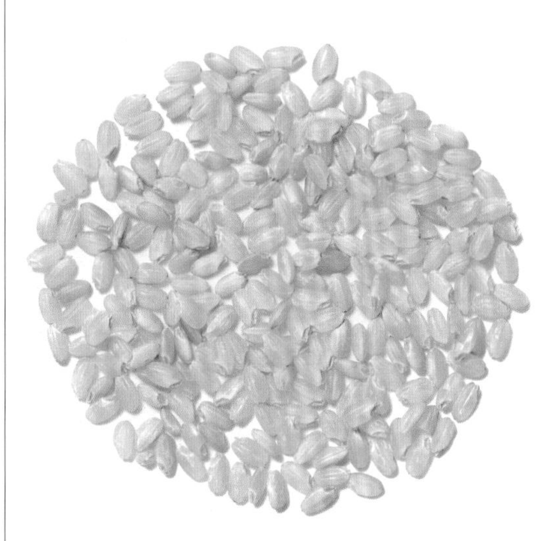

糙米花

用糙米做的点心。通过给专用机器持续加热而增加压力，然后再减压，使糙米膨胀而成。它有着酥脆的口感。

◉使用示例

糙米花可以被巧克力包裹，也可以焦糖化加工，如糙米花格兰诺拉麦片（见第33页）等。

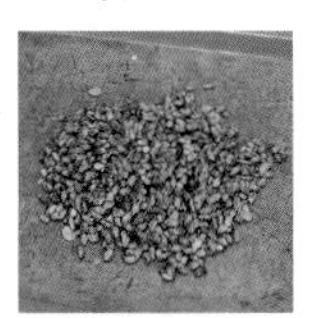
糙米花格兰诺拉麦片

糙米粉

把糙米炒熟，研磨成粉末状。

◉使用示例

用糙米粉代替小麦粉或与小麦粉混合，广泛用于制作甜甜圈、松饼等。

◉ 用于制作甜点时的要点

选择适合糙米香味的食物

搭配的食材，可以以突出糙米的特有香味来考虑。适合搭配菠萝、杧果等异国风味的水果，以及莓类、浆果等味道明显的水果，另外，焦糖也很适合。

充分发挥口齿间的颗粒感

可以利用糙米和发芽糙米在口中的颗粒感和在齿间的嚼劲的特点制作甜点。

烹、煮的时候水分要多一些

发芽的糙米比白米硬，所以想要煮软的话可以增加浸水时间，或者在煮的时候加入更多的水。此外，还要考虑到米的黏性。

组成1

发芽糙米意式焗饭

Risotto de *Genmai* germé

材料　10人份

发芽糙米……100克

A｜牛奶……600克
｜提子（切碎）……20克
｜细砂糖……50克
｜食盐……0.5克

英式奶油（参照右栏）……全部

制作方法

1

将发芽糙米放入锅中，用足量的水浸泡一夜。

2

将**步骤1**中的食材直接放在火上加热，然后把糙米洗净，去除黏性。

3

将**A**中的食材和沥干水分的糙米放入锅中，点火。煮开后调至小火，一边搅拌一边煮30～40分钟，直至糙米的心部柔软。如果煮至水分变少、心部还有硬度的话，加入牛奶或水继续熬煮。

4

将汤汁熬煮到恰到好处，糙米也被煮软后*1，关火冷却。加入英式奶油，放入冰箱冷藏*2。

*1　考虑到糙米放凉后，就会稍微变硬，应尽可能煮得软些。

*2　趁着意式焗饭热时，加入英式奶油混合，制成热甜点。

英式奶油

Crème anglaise

材料　10人份

A｜牛奶……125克
｜香草荚……¼根（剖开刮籽）

蛋黄……30克

细砂糖……20克

制作方法

1. 将**A**中的食材放入锅中，加热到沸腾。
2. 将蛋黄、细砂糖放入盆中搅拌，再加入**步骤1**中的食材搅拌均匀。然后放回锅内边搅拌边加热到83摄氏度。
3. 将**步骤2**中的食材过滤到盆中，把盆底放在冰水中，边搅拌边冷却。

组成2

糙米花格兰诺拉麦片

Granola au *Genmai* soufflé

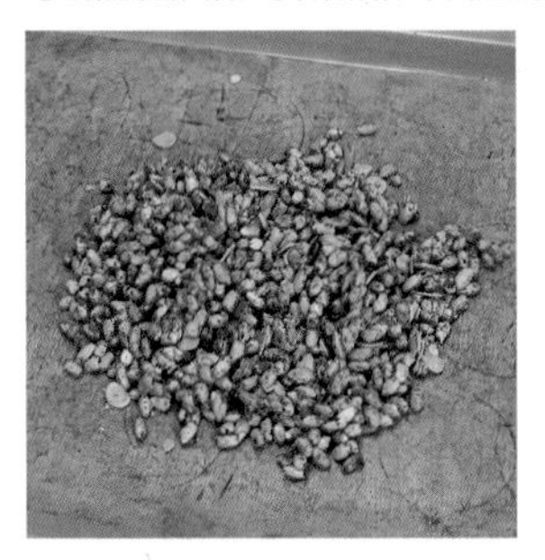

材料 20人份

A
- 糙米花（见第31页）……125克
- 杏仁片……50克
- 南瓜子……30克
- 核桃仁……30克
- 椰汁……15克

B
- 蜂蜜……50克
- 橄榄油……45克
- 粗黄糖……35克
- 食盐……4克

制作方法

1

将**A**中除了椰汁的食材摊开，铺在有烘焙布的烤盘上，放进预热到160摄氏度的烤箱中烤10分钟左右。出炉后保持原样冷却。

2

把**步骤1**中的食材全部放入大盆里混合备用。

3

将**B**中的食材放入锅中，边搅拌边煮。趁热放入**步骤2**的盆中搅拌均匀。

4

将**步骤3**中的食材摊放在铺好烘焙布的烤盘上，放入预热至160摄氏度的烤箱中烤10分钟。取出后放凉，用手揉捏散开。

组成3

焦糖菠萝

Ananas caramélisé

材料 8人份

菠萝（去心、削皮的）……4块
细砂糖……40克
水……20克
朗姆酒……6克

制作方法

1. 将菠萝切成一口的大小。
2. 在平底锅里撒上砂糖，加热溶化直到变成薄薄的焦糖。放入菠萝，使菠萝全部裹上焦糖。
3. 加水，使焦糖溶解，当水分几乎消失时，加入朗姆酒，用酒焰法烹制。

组成4

椰子奶浆

Émulsion coco

材料 容易制作的分量

牛奶……250克

椰子果泥……100克

马布里朗姆酒（椰子利口酒）……20克

制作方法

1. 把所有的食材放进锅里，加热到70摄氏度左右。
2. 用手持搅拌器，把大气泡粉碎，再搅拌，静置片刻。重复操作2～3次，将奶浆加工成表面浮满细腻的小泡沫。

【组合、盛盘】

材料 盛盘点缀用

牛奶……适量

磨碎的青柠皮……一小撮

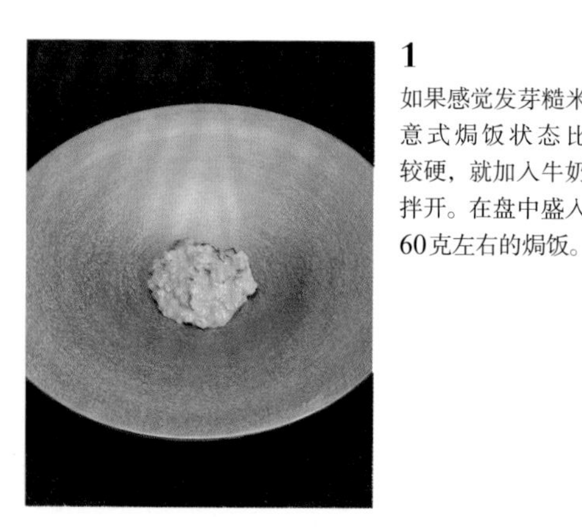

1

如果感觉发芽糙米意式焗饭状态比较硬，就加入牛奶拌开。在盘中盛入60克左右的焗饭。

2

在焗饭上面放2片焦糖菠萝。

3

再次用手动搅拌器将椰子奶浆打发起泡。

4

撒上糙米花格兰诺拉麦片，在菠萝上面浇上椰子奶浆。最后撒上磨碎的青柠皮末。

黍米脆饼配黑樱桃

Galette de *Kibi* et cerises noires

红褐色的高粱和黄色的黄米，使用两种颜色的黍米能做出什么样的甜品？

黍米是一种没有怪味，越嚼越有风味的食材。

以体现黍米的嚼劲，适合于搭配温热甜点的食材为出发点，选择了黑樱桃作为搭档。

此款呈现的要点是米果的口感和酸奶油芝士的酸味。

DATA

分类	【黄米】禾本科黍属 【高粱】禾本科玉米属
收获时间	晚夏至秋季

黍米

Kibi
Millet

黄米

黄米有"糯稻种"和"粳稻种"之分，但市场上大量上市的几乎都是糯稻种。黄米（日语的发音是年糕黍米）顾名思义是一种糯稻米，小粒呈黄色，煮熟后口感又甜又糯，用于制作日本节气——彼岸节的甜点萩饼等。

红高粱

红高粱也叫蜀黍，呈红褐色，大颗粒，煮熟后会变得有嚼劲和弹性，可以代替肉糜使用，主要产地是岩手县和日本东北部分地区、长野县等。

◉使用示例

煮黍米

列举3例煮黍米

▶ 黍米团子

将煮好的黍米放入研钵中捣烂，揉成团子。这就是桃太郎故事中出现的"黍米团子"的原型。

▶ 黍米脆饼

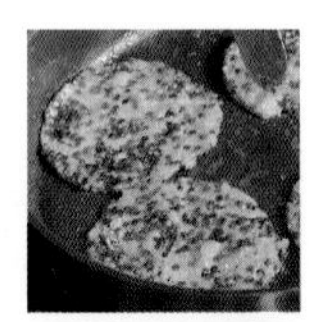

将蒸好的黍米用擀面杖擀成薄片，放在平底锅里烤成脆饼（见第37页）。

▶ 黍米米果

将蒸好的黍米分成小块，油炸，就会变成香脆的黍米米果（见第38页）。

◉ 用于制作甜点时的要点

搭配有嚼劲的食材

黍米有糯米的口感，很有嚼劲，所以最好搭配一些同样有嚼劲的食材，例如樱桃、李子、桃、杏、菠萝等。

搭配亚洲甜品

可以直接将煮好的黍米像年糕一样团成小团，用于越南的甜品汤（Che）、中国台湾的豆花等。

其他

白高粱

除去了黍米涩味根源的单宁酸，无味无臭的粳米品种就是白高粱。近年来，它作为一种即使在恶劣环境下也能生长的无麸质谷物而受到关注。

◉使用示例

白高粱磨成粉后可代替小麦粉使用，通用性高，有着爽脆的轻食口感。

组成1

黍米脆饼

Galette au *Kibi*

材料　直径8.5厘米的脆饼6～8枚

A
- 黄米……75克
- 水……150克
- 食盐……0.5克

B
- 高粱……75克
- 水……180克
- 食盐……0.5克

细砂糖……适量

黄油……适量

制作方法

1

将**A**中的黄米和**B**中的高粱分别换水清洗2～3次，然后用细眼的笸箩沥干水分。放入另一锅中，分别加入适量的水，浸泡1小时左右。

2

在黄米和高粱中分别加入食盐，开火煮至沸腾后调至小火，盖上锅盖，将黄米煮17～18分钟，高粱煮20分钟。关火后再焖10分钟左右。

3

趁热取出两种黍米，放在铺展开的OPP薄膜上，用手边撕碎边粗略地搅拌均匀。

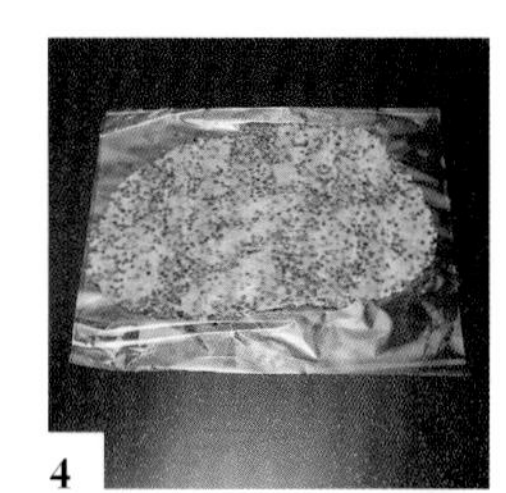

4

再在上面盖上一张OPP薄膜，将黍米夹中间，用手掌压平。用擀面棒擀至均匀的厚度。放入冰箱冷藏20分钟以上冷却。

5

剥下上面的OPP薄膜，用直径8.5厘米的慕斯模具压出脆饼［剩下的材料用于“黍米米果”（见第38页）］。在两面多撒些细砂糖。

6

在盛盘之前烘烤制作。用平底锅将黄油融化，将**步骤5**中的食材放入锅中，两面煎烤至轻微焦化上色。

组成2

黑樱桃果酱

Marmelade de cerises noires

材料　8人份

黑樱桃……200克

柠檬汁……6克

香草荚……⅓根

A
- 细砂糖……15克
- NH果胶……2克

制作方法

1. 将黑樱桃对半切开除籽，切碎。将**A**中的食材混合备用。
2. 将黑樱桃、柠檬汁和香草荚（刮籽剖开）放入锅中加热。沸腾后加入**A**中的食材，再次沸腾。

组成3

黍米米果

Craquelins de *Kibi*

材料 6～8人份

黄米、高粱米的混合物（第37页“黍米脆饼”剩下的材料）……适量

炸制用油（色拉油）……适量

糖浆（波美度30度）……适量

制作方法

1

将蒸好的黄米高粱糕撕成小拇指大小（如果时间充足的话，放置半天，使其水分挥发，充分干燥，这样炸时不会溅油）。

2

将油加热到180摄氏度，放入黄米高粱片煎炸。

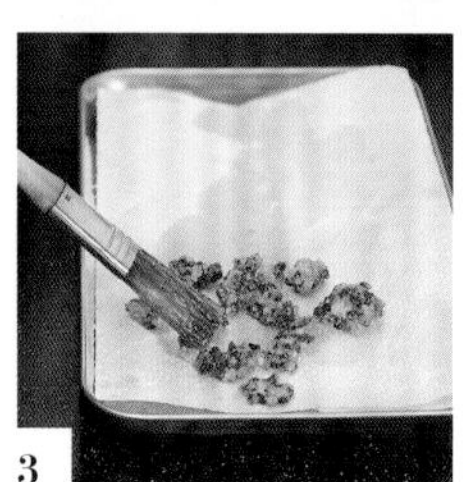

3

趁热用刷子涂上糖浆，放在铺着厨房用纸的烤盘上。放入预热至200摄氏度的烤箱里烤1～2分钟，使糖浆的水分蒸发。取出后冷却。

【组合、盛盘】

材料 完成加工用

黑樱桃……1人份，8～9个

酸奶油……适量

1

把黑樱桃对半切开，去籽。在盘子上放上黍米脆饼，在脆饼上涂上直径7毫米的圆形黑樱桃果酱。

2

将黑樱桃瓣呈放射状摆在**步骤1**的食材上，中心也同样摆放黑樱桃瓣。

3

在**步骤2**的食材上面放上用汤匙挖取的较小的橄榄形酸奶油，撒上黍米米果。

毛豆蛋卷配法国白奶酪雪芭

Gaufrettes à l'*Edamame*, sorbet au fromage blanc

（译者注：雪芭是用水果的果汁和利口酒等冷冻后制成的，其特点是爽脆和清爽的口感，经常用在料理中作为清口食材，简单的味道让口腔清爽。）

这道甜点不仅使用煮熟的毛豆，也灵活运用了下酒菜的冷冻干毛豆。
毛豆被撒在甜品上面作为装饰，也被研磨成粉末状揉进面糊里等。
即使将毛豆进行加工，也会留下美丽的绿色，
以颜色为重点的设计也是一种思路。

毛豆

Edamame
Soja vert

DATA

收获时间	7月—9月上旬
挑选方法	尽量选新鲜的毛豆。豆荚呈漂亮的绿色，豆子大小均匀。连枝销售的毛豆更容易保持新鲜度。
保存方法	因为毛豆容易丧失新鲜度，所以尽可能煮好食用。如需保存，可以装入塑料袋再放到冰箱的蔬菜室里保存。

毛豆

毛豆是大豆成熟前收获的食材，和豆荚一起煮熟后使用。日本东北地区的毛豆裹年糕很有名气，是在磨碎的豆子中加入糖并将其与年糕混合而制成的点心。

毛豆糊（见第42页）毛豆沙司（见第42页）

◉使用示例

将煮熟的毛豆用研磨机搅拌成糊状，其可应用于慕斯、冰激凌、调味汁等。

茶豆

豆荚上浅茶色的绒毛是它的特征。其风味浓郁，也适合于甜品的加工。山形县鹤岗市特产的茶豆很有名。

冷冻品也很方便

事先用盐水煮过的冷冻毛豆无论在什么季节都可以买到，非常方便，有带荚的，也有裸豆的。

◉ 用于制作甜点时的要点

利用毛豆鲜艳的绿色

毛豆即使经过加工，颜色也不会有太大变化，这是它的优点。利用毛豆鲜艳的绿色制作甜品也是一种手法。

和毛豆味道不冲突的食材

毛豆的味道是出乎意料地有特色，所以搭配柠檬、青柠等与毛豆味道不冲突的食材，能充分发挥毛豆的味道。

依据加工不同调整煮的火候

水煮生毛豆时，如果是要加工成豆粒状，需要煮得偏硬一些，相反加工成糊状，则需要煮得柔软一些。

冻干毛豆

用盐水煮过的毛豆进行冷冻干燥制成。冻干毛豆有着酥脆的口感，可以直接食用。

◉使用示例

除了直接作为配料使用，还可以用研磨机磨成粉末状，混合在烤制甜品里。

用研磨机研磨

毛豆蛋卷

组成1

毛豆蛋卷

Gaufrettes à l'*Edamame*

材料 直径15毫米的蛋卷皮8枚

鸡蛋……90克

糖粉……50克

A | 毛豆粉*1……30克
低筋粉……72克
泡打粉……6克

融化黄油*2……75克

*1 将冷冻的干毛豆用研磨机粉碎。

*2 将冷藏黄油放入微波炉加热融化至50摄氏度左右。

制作方法

1 将糖粉和A中的食材分别过筛备用。

2 将鸡蛋在盆中打散，加入糖粉后用打蛋器搅拌均匀。再加入A中的食材继续搅拌。

3 加入融化的黄油，搅拌至面团有光泽（乳化）。尽可能在常温下放置30分钟醒面，使面糊更易加工。

4 给裱花袋装上直径10毫米的圆口挤花嘴，然后放入面糊。将蛋卷炉加热，用刷子涂上融化的黄油（计量外），在中间部位挤35克左右的面糊，上下夹住蛋卷炉，翻动煎烤两面。

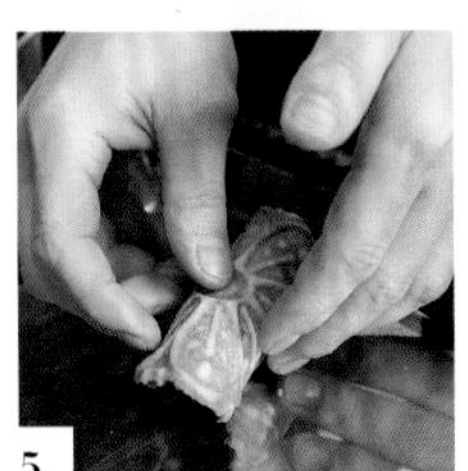

5 烤成金黄色取出，趁热卷成直径2厘米的圆筒状。在挤雪芭的几分钟前，需要放入冰箱冷冻室冷冻。

组成2

法国白奶酪雪芭

Sorbet au fromage blanc

材料 12人份

水……200克

蜂蜜……40克

A | 细砂糖……80克
稳定剂……2克

柠檬汁……48克

法国白奶酪……300克

制作方法

1. 将A中的食材混合备用。
2. 将水、蜂蜜放入锅里加热，然后加入A中的食材煮至沸腾。
3. 将**步骤2**中的食材移入盆中，盆底放在冰水中，边搅拌边冷却，冷却后加入柠檬汁和法国白奶酪，然后用冰激凌机制作。

组成3

毛豆沙司

Sauce d'*Edamame*

材料 10人份

A | 牛奶……125克
  | 鲜奶油（乳脂含量35%）……40克

蛋黄……13克

细砂糖……50克

毛豆糊（参照右栏）……80克

食盐……适量

制作方法

1 将**A**中的食材放入锅内加热至即将沸腾。

2 将蛋黄、细砂糖放入盆中搅拌，先取出**A**中食材一半的量加入盆中搅拌均匀，再将其移回锅中，整体混合搅拌并加热至83摄氏度。

3 加入毛豆糊，用手持搅拌器搅拌至柔滑状态。

4 将**步骤3**中的食材过滤到盆中，用橡胶铲挤压，充分提取出精华。用盐调味，然后放入冰箱冷藏保存。

毛豆糊

毛豆如果是生的，则使用盐水煮的方法，冷冻产品要先解冻。从豆荚里取出毛豆，称量150克，加入45克水，用手动研磨机研磨至糊状。

组成4

糖酥毛豆

Edamame cristallisé

材料 6人份

干毛豆……30克

A | 水……10克
  | 细砂糖……30克

制作方法

1 将**A**中的食材放入锅中，用小火熬至120摄氏度。

2 关火，放入干毛豆，用橡胶铲持续、快速地混合搅拌，使毛豆被结晶的白色砂糖包裹。

3

搅拌至豆粒分散开后取出，放在厨房用纸上冷却。

【组合、盛盘】

材料　完成加工用

柠檬果肉……适量
磨碎的柠檬皮末……适量
毛豆粉*……适量

*｜将干毛豆用研磨机研磨粉碎的食材。

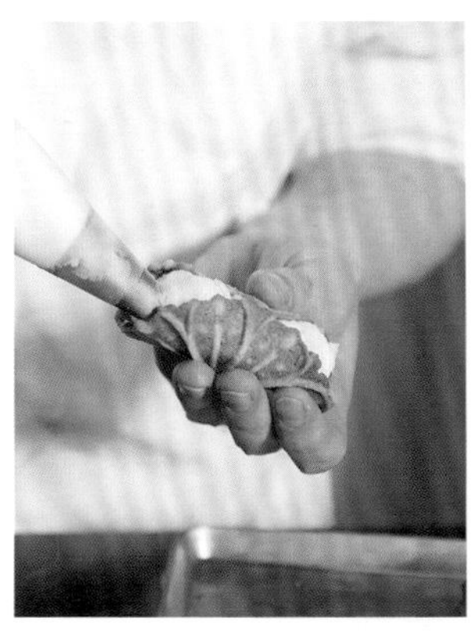

1
将法国白奶酪雪芭放入配有直径12毫米圆口挤花嘴的裱花袋里，然后将雪芭挤入毛豆蛋卷中（1人份为2根），放入冷冻室备用。

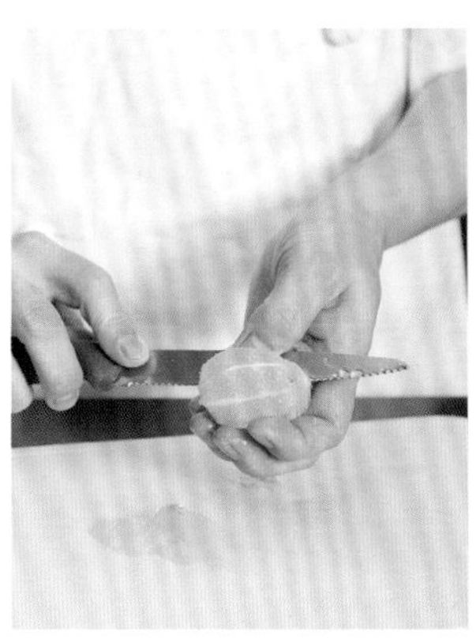

2
将去了内果皮的柠檬果肉分成3～4等份。

3
在盘子上将**步骤2**的柠檬摆放几块，将**步骤1**的食材摆放在柠檬上面。接着，根据摆盘的美观协调性，摆放剩余的柠檬果肉。

4
将毛豆沙司呈圆点状挤在盘子的三个位置。

5
在毛豆蛋卷的上方撒上柠檬皮末。

6
根据摆盘的协调性，盛放大约10颗糖酥毛豆，撒上毛豆粉。

红薯苹果真薯

SHINJO de *Satsumaimo* et pommes

[译者注：真薯（SHINJO）是日本料理食材的一种，在白身鱼、虾、鸡肉等肉糜中加入磨碎的山芋、蛋清等调味，或蒸、或煮、或炸而制成料理。]

甜品采用了用白身鱼和山药制作的“真薯”的手法。
以红薯和苹果的组合为基础，浇上柠檬沙司，
上方摆放炸红薯丝替代洋葱丝。
外观是完整的日本料理，但事实上是甜品，从而产生意外的惊喜。

使用的日本食材

红薯

Satsumaimo
Patate douce

DATA

分类	旋花科红薯属
挑选方法	表皮有张力，圆滚滚的，有结实的厚重感。
保存法式	用报纸等包好，储存在10～15摄氏度的阴凉处。

安纳薯

种子岛的特产。通过长时间的烘烤，糖度可达40波美度。因高度的糖分和水分，需要调整配方。

红薯干

将红薯蒸熟，切成方便食用的形状，干燥而成，有湿润的口感和甜味。

◉使用示例

切成块状，放入戚风蛋糕的坯子中或搅拌入冰激凌的成品中，充分享受其口感。

红东方

以关东地区为中心生产的品种，适合烤番薯的“绵软香甜”型。色淡黄，少纤维质。

◉使用示例

用于冰激凌、芋饼、红薯甜点等。

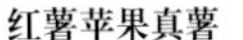

红薯苹果真薯

红薯冰激凌

◉ 用于制作甜点时的要点

用烤箱做加工

红薯在煮或蒸时，都会因水分进入而被稀释风味，从而味道变得寡淡。用烤箱的话可以将甜味浓缩，味道变得更加浓郁。

和深色糖类搭配

配合红薯的糖，推荐用甜菜糖和粗黄糖等深色糖类，风味更佳。

也可搭配有酸味的水果

红薯与含有温和酸味的苹果食性相投。另外与葡萄干等晒干的水果也很搭配。

利用丰富多彩的加工品

红薯有各种各样的加工品，如片状、粉末状，也有混合入奶油中的加工品等，可巧妙地取用。

容易应用在甜品中

◉ 烤红薯的制作方法

1

红薯一般都是直接用火烤熟后使用，但我推荐用铝箔纸将红薯包裹再放入烤炉的制作方法。这种方法能增加甜味，味道更佳。红东方红薯是在180摄氏度的温度下烤1小时，安纳薯是在180摄氏度的温度下烤40分钟。

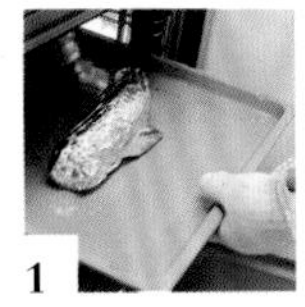

1

2

烤好后去皮，趁热用碾的手法过滤或者切成1厘米左右的方块。这样做的话，方便使用。

2

3

保存的时候，放入带拉链的密封袋后再放到冷冻室里保存。

3

组成1

红薯苹果真薯

SHINJO de *Satsumaimo* et pommes

材料 6人份

红薯干……60克

苹果（红玉苹果）……80克

A 碾好的烤红薯（见第45页）……150克
蛋清……30克
玉米淀粉……20克
食盐……2克

B 蛋清……30克
细砂糖……40克

制作方法

1 红薯干切成边长5毫米的方块。苹果去核，连皮切成边长5毫米的方块。

2 将**A**中的食材混合，用手持搅拌器，搅拌成糊状。

3 将**B**中的食材倒入盆中，用打蛋器打发至提起来呈线状且柔软得能摇晃的蛋白霜。打发过度的话做成的成品会像蒸蛋糕一样，温度比较高且不够蓬松，所以要注意。

4 将**步骤2**和**步骤3**的食材混合搅拌，再加入**步骤1**的食材搅拌均匀。然后装入裱花袋中。

5 在直径约6厘米的有深度的容器里铺上保鲜膜，将**步骤4**的食材按各70克分别挤入。拧住嘴部，像拧手巾一样，用橡皮筋将根部固定。

6 用锅加水煮沸腾，将**步骤5**的食材放入水中煮15～20分钟（或者用蒸锅蒸15～20分钟）。用竹签插入确认，食材不粘竹签（或者摸起来有弹性）就说明煮好了。

组成2

柠檬沙司

Sauce au citron

材料 4人份

水……200克

葛粉（见第156页）……20克

柠檬汁……15克

柠檬皮……½个

A 细砂糖……20克
香草籽……⅓根香草荚，剖开刮籽

制作方法

将**A**中的食材搅拌混合备用。将全部材料放入锅内煮至沸腾。

组成3

苹果泥

Purée de pommes

材料　4人份

苹果（红玉苹果）……200克

细砂糖……25克

维生素C……5克

制作方法

1. 将苹果去除心和皮，切成边长5毫米的方块。
2. 将所有材料放入锅中，用小火煮至水分全部蒸发。
3. 将**步骤2**的食材用手持搅拌器搅拌成泥状。保持原状冷却。

组成4

红薯冰激凌

Crème glacée au *Satsumaimo*

材料　8人份

碾好的烤红薯（见第45页）……140克

A 牛奶……180克
　鲜奶油（乳脂含量35%）……50克

B 粗黄糖……40克
　稳定剂……5克

制作方法

1

将**A**中的食材放入锅中加热至肤感温度，然后再加入混合好的**B**中的食材搅拌均匀。

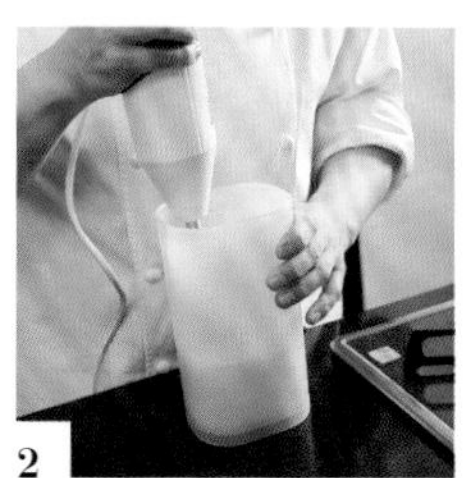

2

将碾好的烤红薯和**步骤1**的食材混合，用手动搅拌器搅拌均匀。

3

移到盆中，将盆的底部放在冰水中，边搅拌边冷却。然后使用冰激凌机制作。

组成5

炸红薯丝

Frites de *Satsumaimo*

材料　容易制作的分量

红薯……适量

炸制用油……适量

制作方法

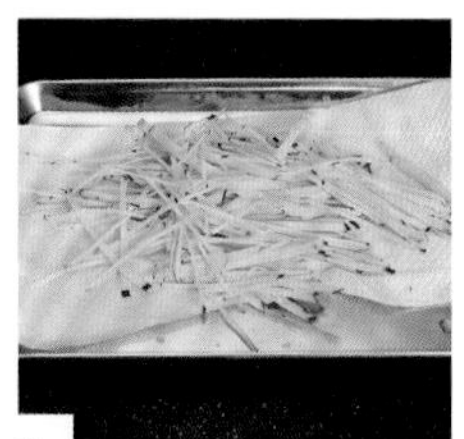

1

将红薯连皮用切片机切成超薄片，然后放入水中浸泡5分钟。擦去水，将红薯切成约5厘米长的细丝。

2

将红薯丝放入170摄氏度的炸制用油中炸成浅金色捞出。

3

在小型的玻璃杯里放入炸红薯丝，再盛入用汤匙挖成的橄榄形的红薯冰激凌。然后放在**步骤2**的盛盘的旁边。

【组合、盛盘】

材料 完成加工用

苹果（连皮切成极薄的月牙形）……1人份为3枚
银箔……适量

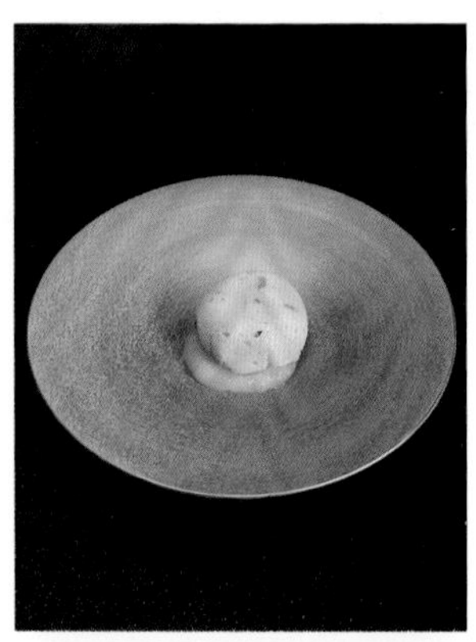

1

在盘子的正中央，铺放20克左右的圆形苹果泥。不要将真薯摆放在正中间，而是稍微偏斜地摆放在苹果泥上面。

2

将40克左右的柠檬沙司浇入，在真薯的上面美观地摆放上炸红薯丝和苹果瓣。用银箔装饰。

#2

花·香草·香料

Fleurs, Herbes, Épices

樱花草莓芭菲
Parfait au *Sakura* et fraises

[译者注：芭菲（Parfait）是完美的意思。法国的芭菲是在蛋黄中加入砂糖和鲜奶油，挤在模具里冻成冰激凌状的冰品，再配上酱汁和冰镇的水果，是一种盘饰甜点。]

使用木薯粉制作的薄脆，是因为我知道它可以打造出樱花原有的美丽色彩。
用樱花叶做的芭菲搭配新鲜草莓，
花和叶同时使用，让人享受了樱花本身的乐趣。

使用的日本食材

樱花

Sakura
Cerisier à fleur

盐渍樱花叶

使用木桶腌制的大岛樱，用于樱饼和樱花蒸鱼。想要呈现鲜艳绿色的时候使用浅腌的叶子（右）。

◉使用示例

将樱花叶与糖浆和水等混合，用研磨机制成糊状，然后添加到面团中。将梅子包裹在樱花叶中，制成贝奈特炸饼。

樱花叶芭菲

DATA

分类	蔷薇科李子属樱花亚属
主要产地	【花】神奈川县小田原市、秦野市 【叶】静冈县松崎町

盐渍樱花*

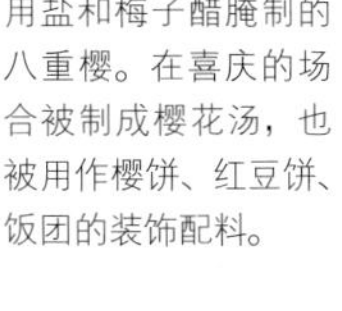

用盐和梅子醋腌制的八重樱。在喜庆的场合被制成樱花汤，也被用作樱饼、红豆饼、饭团的装饰配料。

◉使用示例

可以混合在烤制的点心、果酱内使用，也可以用作装饰配料。

樱花薄脆

樱花法式果酱

◉ 除盐的方法

【叶】

1

用水清洗盐渍的叶子。

1

2

将叶子切成两半，去掉中心较粗的叶脉。

2

3

将水和叶子放入盆中，浸泡约1小时，去掉盐味。尝试味道，调整到自己喜好的咸度，然后换水继续浸泡。

3

【花】

1

将樱花放在网眼细密的笊篱中，然后泡在水中进行冲洗。需要多次换水冲洗，冲洗到没有盐粒为止。

1

2

将花萼的根部握住，将花瓣向上猛地抻拉，从花萼中取下（除去花萼可以改善口感和味道）。

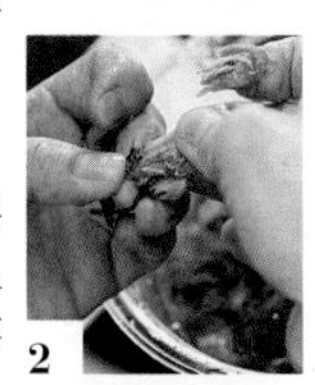
2

3

将花瓣在水中浸泡1小时左右，去掉盐味。根据自己喜欢的口味调整咸淡，换水继续浸泡。

3

◉ 用于制作甜点时的要点

把握咸度

去盐的时间越长，咸味就越淡。为了突出甜点的甜味，需把握适当的咸度。

樱花与草莓、柑橘类相搭配◎

樱花的搭配食材除了经典的草莓和黑樱桃，柑橘类水果、奶制品和椰奶等也相得益彰。

将叶子当作香草

把樱花的叶子当作香草使用。可参考料理中的罗勒，还有将罗勒调制成糊状的意式青酱的方法。

*根据中国《食品安全法》和《新食品原料安全性审查管理办法》，目前只允许关山樱花用于食品制作。但婴幼儿、孕妇及哺乳期妇女需谨慎食用。

组成1

樱花叶芭菲

Parfait aux feuilles de *Sakura*

材料　直径6.5厘米×高1.5厘米的挞派模具10个

英式奶油

A｜蛋黄……72克
　｜细砂糖……42克

牛奶……200克

樱花叶（除盐的盐渍樱花叶，参考第51页）……24克

樱桃酒……10克

鲜奶油（乳脂含量35%）……250克

制作方法

1

制作英式奶油。将**A**中的食材放入盆中混合，倒入用锅加热的牛奶一并混合。然后再将其倒回锅中，整体搅拌加热至83摄氏度。

2

将**步骤1**的食材过滤到盆中，将盆底放入冰水中，边搅拌边冷却至常温。

3

将切碎的樱花叶和部分英式奶油放入研磨机中，充分搅拌直至叶片变细小。

4

将**步骤3**的食材倒入盆中，将剩余的英式奶油和樱桃酒一起放入混合，再次将盆底放入冰水中，边搅拌边充分冷却。

5

将鲜奶油打发至八分，加入**步骤4**的食材中搅拌混合。

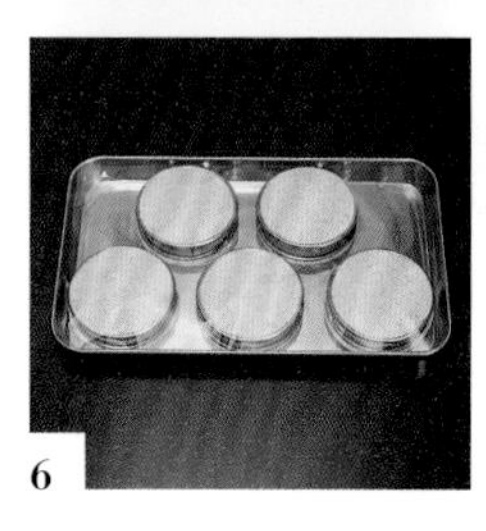

6

将挞派模具摆放在托盘上，将**步骤5**的食材放入裱花袋中再挤入模具内。盖上OPP薄膜，使表面平整，放入冰箱冷藏凝固。

组成2

椰子莎布蕾

Sablés à la noix de coco

材料　直径8厘米的慕斯圈8个

黄油……90克

A｜烤好的甜酥挞皮（见第53页）……112克
　｜椰子酱……38克
　｜细砂糖……23克
　｜食盐……2克

制作方法

1. 将黄油恢复至常温备用。

2. 将**A**中的食材倒入搅拌机中，搅拌甜酥挞皮至碎末状。加入黄油继续搅拌，制成糊状。

3. 将**步骤2**的食材夹在两张厨房用纸中，用擀面杖擀成3毫米左右的厚度。然后用直径8厘米的慕斯圈抠出圆形。

4. 放在铺有烘焙布的烤盘上，在预热到160摄氏度的烤箱中烤15分钟左右。

甜酥挞皮
Pâte sucrée

材料　容易制作的分量

黄油……60克
糖粉……38克
食盐……0.5克
鸡蛋……23克
A | 杏仁粉……12克
　 | 低筋粉……100克

制作方法

1. 将黄油恢复至常温状态。将**A**中的食材混合过筛备用。
2. 将黄油放入盆中，揉捏成奶油状，按照糖粉、食盐、鸡蛋、杏仁粉、低筋粉的顺序依次加入，放入每种材料都要用刮板搅拌均匀，然后将面团混合在一起。
3. 用擀面杖将面团擀成2毫米左右的厚度，放在铺有烘焙布的烤盘上。放入预热至160摄氏度的烤箱中烤20～25分钟。

组成3

草莓果酱
Marmelade de fraises

材料　10人份

草莓……200克
柠檬汁……20克
A | 细砂糖……20克
　 | NH果胶……4克

制作方法

1. 草莓去根蒂，四等分。混合**A**中的食材备用。
2. 将草莓、柠檬汁放入锅中熬煮，时不时搅拌，煮至草莓软烂。
3. 打开手持搅拌机，边搅拌边加入**A**中的混合食材，然后煮到果酱发亮有光泽。

组成4

樱花瓦片饼
Tuiles aux fleurs de *Sakura*

材料　15～16人份

A | 椰子泥……60克
　 | 水……16克
　 | 樱桃酒……4克
　 | 色粉（红色）……极少量
B | 木薯粉*……4克
　 | 水……24克
樱花（脱盐去花萼的花瓣，参考第51页）……净重14克

* 木薯粉…木薯粉的原料是木薯的粉末淀粉，同土豆淀粉和玉米淀粉相似，其特点是具有高黏性的支撑力。

制作方法

1

将**A**中的食材放入手持搅拌机的专用容器里备用。

2

将**B**中的食材放入耐热容器中搅拌均匀。在600瓦的微波炉中加热10～15秒，取出后用橡胶铲搅拌。重复操作几次，直到其充满弹性。

3

将**步骤2**的食材放入**步骤1**中，用手持搅拌机搅拌。然后加入樱花，搅拌至剩下少许花瓣的程度。

4

在铺好烘焙布的烤盘上，用汤匙摊成直径5厘米大小的圆形，然后用抹刀尽可能抹成直径10厘米大的圆形。放入预热至80摄氏度的烤箱中烘烤3小时左右。

5

出炉后趁热将其挤捏，大致整形，然后冷却。

组成5

樱花法式果酱

Confiture de fleurs de *Sakura*

材料　容易制作的分量

A
- 水……100克
- 细砂糖……125克
- 柠檬汁……25克

B
- 细砂糖……10克
- NH果胶……1.5克

樱花利口酒……18克

樱花［脱盐去花萼的花瓣（参考第51页）］……85克

制作方法

1. 将**B**中的食材搅拌均匀备用。
2. 将**A**中的食材放入锅中煮沸。边加**B**中的食材搅拌，根据个人喜好煮至适当的黏稠度*。
3. 稍微降温后加入樱花利口酒和樱花花瓣。进一步降温冷却。

* 如果想要确认冷却后的黏稠状态，将托盘放在冰水上，在其上添加少量的果酱，然后快速冷却。

【组合、盛盘】

材料　成品加工用

草莓……1人份约3个
樱花（脱盐樱花）……少量

1
将草莓去掉硬的部分，取2个，四等分，剩下的对半切开。把没去掉花萼的樱花夹在纸里，用手压平。

2
将草莓果酱放入裱花袋中，并在盛盘用的盘子中央挤少量果酱。

3
先用直径为2厘米的小圆环挖取樱花叶芭菲中心部分，然后用手将挞派模具焐热取出。

4
将**步骤3**的食材放在椰子莎布蕾上，然后在芭菲挖空的中心部位挤入草莓果酱。

5
在芭菲的边缘摆放四等分的草莓，正中央摆放对半切分的草莓。

6
将**步骤5**的食材放到**步骤2**的食材上。在草莓上摆放樱花瓦片饼，然后用**步骤1**的樱花装饰。

7
将法式樱花果酱放入有注水口的小型玻璃杯里，搭配在**步骤6**的盘子旁。

菊花意式天妇罗配血橙雪芭

Frites de *Kiku*, sorbet à l'orange sanguine

[译者注：意式天妇罗（frites）是法国料理中的油炸料理。]
将食用菊华丽的香气、酸味和微苦的特征发挥到甜点上。
菊花意式天妇罗搭配奶油芝士、沙司，完成时撒上菊花瓣。
血橙的味道和颜色都和黄色的菊花是顶级绝配。

菊花

Kiku

Chrysanthème comestible

DATA

分类	菊科叶菊属
主要产地	山形县、青森县、新潟县
收获时间	10—11月（刺身配菜用的黄菊是全年收获）

食用菊

将香味和苦味都比较强烈的观赏菊改良成易于食用的品种就是食用菊。食用菊有黄色的阿房宫、紫红色的延命乐（也被称为“意外”“花卉之源”）等。

除去花萼，把花瓣成片摘下

除去有苦味的花萼，把花瓣成片摘下后使用。抓着花瓣部位轻轻拉扯，就能轻松取下。

干菊花

干菊花是日本东北地区制作的保存食品，用水泡发使用。自制的话就是把菊花瓣用50摄氏度的烤箱烘烤2～3小时即可。

◉ 用于制作甜点时的要点

以香味为重点

食用菊花是花卉。因其和玫瑰一样有不俗的香味，所以首要考虑不扼杀它的香气去设计甜品。

突显美丽的外观

像可食用的装饰花一样作为“展示的花”来使用，放在啫喱里也很漂亮。利用颜色来构制甜点。

利用味道的相乘效果

发挥食用菊的酸味和苦味。例如，用有相同苦味和酸味的食材（这里使用了血橙）搭配，再添加食盐来保持酸度的平衡等。

◉ 使用示例

鲜花装饰

如果将花瓣凌乱地撒在甜品上，会打造出华丽美观的外表。当然，菊花也是可以直接食用的。

菊花装饰

生拌

将切碎的菊花花瓣与奶油混合，味道更浓郁。另外，还可以同自己喜欢的水果、橄榄油、盐、胡椒、水果甜酒一起混合，做成水果沙拉。

菊花血橙奶油芝士

（见第58页）

直接制成沙司

将菊花和糖浆等材料用研磨机搅拌就做成了菊花沙司。其味道华丽。

菊花沙司

（见第60页）

油炸

像炸什锦饼一样，把菊花裹在蛋糊里用油炸也很美味。吃起来脆脆的口感会让人上瘾。

菊花意式天妇罗

（见第58页）

组成1

菊花意式天妇罗

Frites de *Kiku*

材料 6～7人份（直径6.5厘米慕斯圈12～14个）

大朵食用菊花……4朵

低筋粉……适量

A 鸡蛋……20克
  细砂糖……2克
  食盐……1克
  水……60克

B 低筋粉……30克
  马铃薯淀粉……10克

炸制用油（色拉油）……适量

制作方法

1 将**A**中的食材倒入盆中，用打蛋器搅拌均匀。加入混合过筛的**B**中的食材，用筷子快速搅拌均匀。

2 将食用菊花的花瓣从花萼上取下，放入另一个盆中，薄薄地撒上低筋粉（也叫拍粉）。将**步骤1**的食材分次一点点地加入盆中，使菊花裹上极薄的蛋糊。

3 在油炸锅中放入慕斯圈，将色拉油倒至离慕斯圈1厘米的高度。加热到150～160摄氏度。将**步骤2**的食材放入圈内，用筷子边整理形状边油炸，避免花瓣从慕斯圈里溢出。

4 取下慕斯圈，翻面炸脆，充分将油沥干。

组成2

菊花血橙奶油芝士

Crème au fromage *Kiku* / orange sanguine

材料 容易制作的分量

食用菊花……15克

奶油芝士……100克

鲜奶油（乳脂含量35%）……200克

血橙果酱（见第59页）……80克

制作方法

1 在大盆里放入奶油芝士，在室温下恢复柔软。将食用菊花的花瓣从花萼上取下粗切。

2 用另外一个盆将鲜奶油打至七分发泡，然后放入奶油芝士的盆里，用打蛋器混合搅拌成自己喜好的软硬度。

3

将血橙果酱加入**步骤2**的食材中搅拌，然后加入切好的菊花，大致地混合搅拌。

血橙果酱
Marmelade d'oranges sanguines

材料　15人份

A
- 血橙……净重75克
- 去皮的血橙果肉……250克
- 细砂糖……38克
- 柠檬汁……38克

B
- 细砂糖……10克
- NH果胶……3克

制作方法

1. 将**A**中的血橙整个用开水焯过后，切成5毫米大小的块。
2. 将血橙丁和**A**中的其他材料放入锅中，煮至水分基本消失。
3. 将**B**中的食材搅拌均匀后加入**步骤2**的食材中。煮沸后自然冷却。

组成3

血橙雪芭
Sorbet à l'orange sanguine

材料　6人份

A
- 水……100克
- 磨碎的血橙皮末……5克
- 麦芽糖……39克

B
- 细砂糖……25克
- 稳定剂……2克

血橙果汁……210克

柠檬汁……10克

制作方法

1. 将**B**中的食材混合备用。
2. 将**A**的食材加入锅中烧至温热，然后加入**B**的混合食材煮至沸腾。
3. 将混合物移入盆里，将盆底放在冰水中边搅拌边冷却。
4. 加入血橙果汁、柠檬汁。打开冰激凌机制作。

组成4

菊花沙司

Sauce au *Kiku*

材料 容易制作的分量

食用菊花……36克

糖浆（细砂糖和水按1:1的比例煮沸后冷却）……70克

食盐……0.2克

柠檬汁……10克

血橙果汁……10克

制作方法

1

将食用菊花的花萼去掉后放入研磨机，其他剩余的材料一并放入研磨机搅拌。

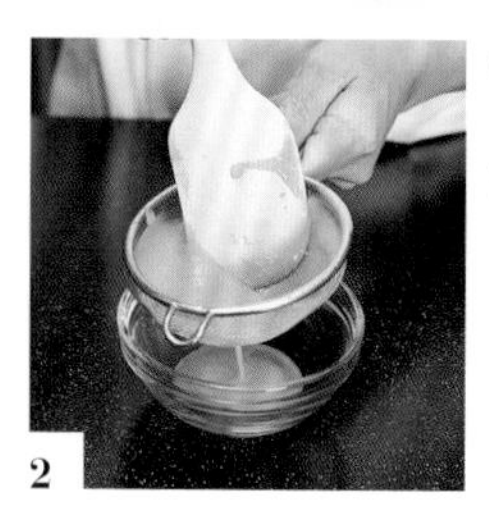

2

将混合物放入万能过滤网中，用橡胶铲边挤压边过滤到盆里。

【组合、盛盘】

材料 成品加工用

食用菊花……适量

血橙果肉……适量

1

将去内果皮的血橙果肉切半。

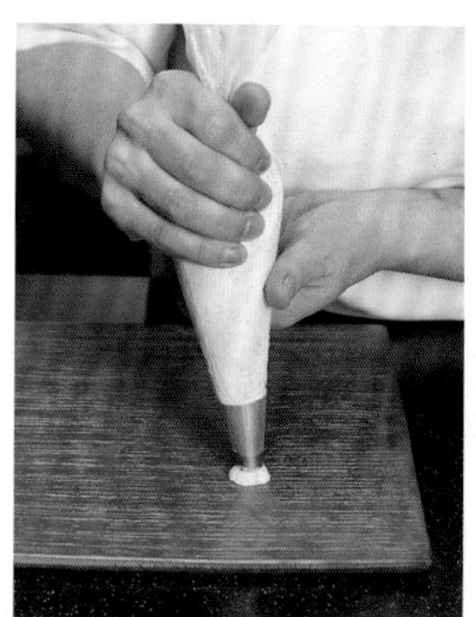

2

给裱花袋装上10毫米圆口挤花嘴，放入菊花血橙奶油芝士。然后在盘子的左上方挤一小团奶油芝士，作为菊花意式天妇罗的“防滑垫”。

3

将菊花意式天妇罗放在**步骤2**的“防滑垫”上。在天妇罗的上方，用菊花血橙奶油芝士挤出中空的环形。

4

在**步骤3**的奶油芝士的中心，放入**步骤1**的3块血橙。

5

在**步骤4**的上面再重叠放置一枚菊花意式天妇罗。撒上去除花萼的菊花瓣。

6

在盘子的右下方挤上血橙果酱，在盘子留白的两三处用汤匙将菊花沙司滴落成圆形装饰。

7

在果酱的上面摆放用汤匙挖成的橄榄形的血橙雪芭。

艾草布丁配黑糖冰激凌

Crème au *Yomogi*, glace au sucre de canne brun

首先要考虑的是，哪种食材能烘托艾草的独特香气和苦味，
我选择了有独特味道的黑糖。
奶油在两者之间起到桥梁的作用，形成了良好的味觉平衡。
虽说是布丁，但颇具日本特色，口感更像年糕。
摆盘设计是类似日本庭园的枯山水。

DATA

分类	菊科蒿属
主要产地	日本全国各地的原野和河堤，野生
收获时间	3—5月

艾草

Yomogi
Armoise japonaise

艾草

艾草作为艾草糕饼和艾草团子的材料而为人所知。它具有独特的香味，自古以来就被当作治疗腹痛和止血的药材。主要使用嫩芽和嫩叶，只要通过煮、炸等方式，苦涩的味道就会消失。

◉使用示例

将煮好的食物切碎，然后与糖浆一起搅拌制成糊状，再揉入面团里使用，也可以过滤后作为酱汁使用。

◉ 用于制作甜点时的要点

作为香料

把艾草作为香料。把具有独特的苦味和青草味的艾草，当作香精灵活运用。

不输于艾草独特风味的食材

艾草的香味和苦味都相当独特，所以搭配的食材也需要像具有独特香气的黑糖一样。

注意苦涩和丰富的食物纤维

新鲜的艾草有很多艾绒，所以一定要焯一下水再使用。另外，焯水后先要将其切得极碎，再和糖浆一起放入研磨机或食品加工机里加工。否则因食物纤维过多，机器无法顺利旋转搅拌。

艾草粉

把艾草做成容易使用的粉末状食材。将艾草粉直接与面粉或液体混合，用于和果子时，用热水将艾草粉化开后，将其揉入糕饼中使用。

艾草布丁

◉使用示例

添加在布丁、莎布蕾等的面团里，增加艾草的风味，就如同抹茶一样的使用方法。

艾草莎布蕾

组成1

艾草布丁

Crème au *Yomogi*

材料 （直径7厘米、高1厘米的圆形硅胶模具8个）

牛奶……400克

艾草粉（见第63页）……6克

A | 细砂糖……60克
  | 伊那凝胶 露草*……50克

B | 蛋黄……30克
  | 鲜奶油（乳脂含量35%）……40克

* （株）伊那食品销售的产品，用葛根粉和寒天等混合成的即食水馒头的原料。

制作方法

1

将**A**、**B**中的食材分别混合搅拌备用。把硅胶模具放在烤盘或方形托盘上备用。

2

将牛奶和艾草粉混合，用手持搅拌器快速搅拌均匀。

3

将**步骤2**的食材移入锅中，加热至肤感温度，加入**A**中的食材充分搅拌，先煮到沸腾后调成小火，防止糊锅，用橡胶铲熬煮1～2分钟，使其黏稠。

4

熬煮至黏稠时关火，趁热加入**B**中的食材后充分搅拌。立刻倒入模具中。从大概5厘米的高度摔落模具约10次，以排掉面糊中的空气。

5

用抹刀将表面刮平，去除多余的面糊，放入冷藏室冷却凝固。

组成2

黑糖冰激凌

Crème glacée au sucre de canne brun

材料 20人份

A | 牛奶……300克
  | 鲜奶油（乳脂含量35%）……200克
  | 黄油……75克

蛋黄……150克

黑糖（粉末）……125克

发酵奶油……80克

制作方法

1

将**A**中的食材放入锅中搅拌，加热至即将沸腾。

2

将蛋黄、黑糖放入盆里搅拌，加入**步骤1**中一半分量的食材搅拌均匀，再移回锅中一起搅拌并加热到83摄氏度。

3

将**步骤2**的食材过滤到盆里，把盆底放入冰水中，边搅拌边冷却。

4

加入发酵奶油，用手动搅拌机均匀搅拌。之后用冰激凌机加工。

组成3

尚蒂伊（香缇）鲜奶油

Crème Chantilly

材料　10人份

鲜奶油（乳脂含量35%）……200克
细砂糖……12克

制作方法

将鲜奶油和细砂糖放入盆内，打发至八分发泡。

组成4

艾草沙司

Sauce de *Yomogi*

材料　8人份

艾草……40克
糖浆（细砂糖和水按1∶1的比例煮沸后冷却）……65克
食盐……0.5克

制作方法

1

清洗艾草，轻微焯水后取出。摘下叶子，去除根茎，然后放在用厨房用纸上除去水分。

2

将艾草、糖浆、食盐放入研磨机或食品加工器中搅拌。

3

放入万能过滤网，用橡胶铲边挤压边过滤到盆里。

【组合、盛盘】

材料 成品加工用

黑糖（粉末）……125克
艾草叶……适量

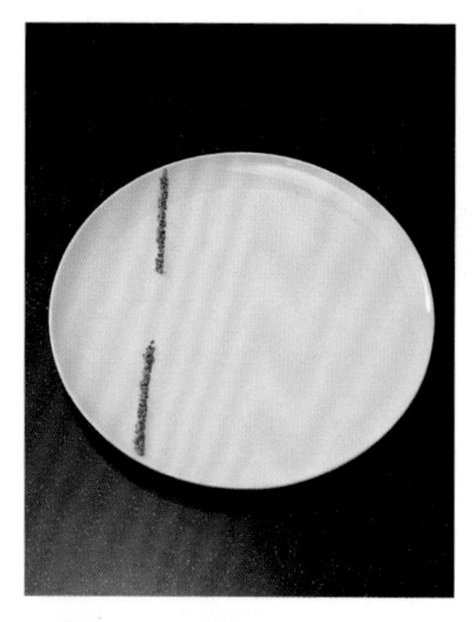

1

在盘子上用黑糖勾线。构思出摆放艾草布丁的位置，并留出摆放的空间。

2

从模具中取出艾草布丁，摆放在**步骤1**空出的地方。

3

把握摆盘的协调性，将艾草沙司按圆形滴落在三处空白处。

4

给裱花袋装上10毫米的圆口挤花嘴，装入尚蒂伊鲜奶油。把用小勺挖出的橄榄形黑糖冰激凌放在艾草布丁上，将尚蒂伊鲜奶油分别挤在盘子的三处。

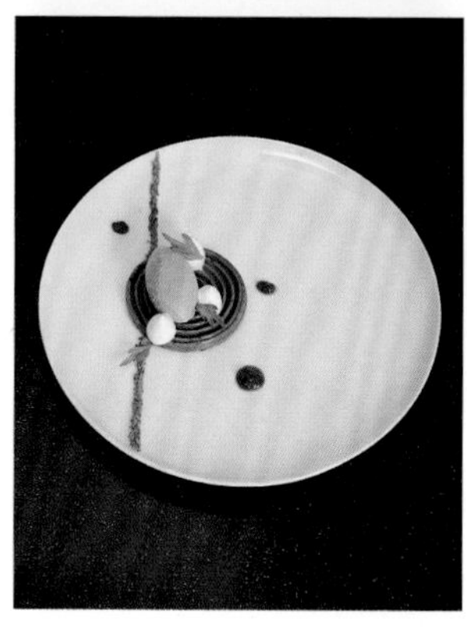

5

用艾草叶装饰。

红紫苏马卡龙配糖煮桃子

Macarons au *Shiso* rouge, pêches pochées

（译者注：糖煮是日本人非常熟悉的烹饪方法，和“煮物”非常接近。）
因为紫苏汁是液态，所以用途很广，非常方便。
首先想到的是，充分利用鲜亮粉色的啫喱，
进一步扩展运用到糖煮和雪芭，用咸味的红紫苏奶油搭配桃子，
配上蔷薇香槟，呈现出清一色的粉色甜品。

红紫苏

Shiso rouge
Pérille rouge

DATA

分类	紫苏科紫苏属
收获时间	6月—7月中旬
挑选方式	叶尖细小并卷缩，叶色整体较深。

红紫苏

被大家所悉知的是绿色的青紫苏，但是一般来说紫苏泛指的是红紫苏（青紫苏是红紫苏的变种）。为了给梅干上色用，初夏紫苏开始上市。新鲜的红紫苏有很强烈的味道，可以用盐揉搓，去掉苦涩味，也可以榨取汁液，或者裹上蛋糊油炸。

◉ 使用示例

提取汁液，用于啫喱和糖煮

红色紫苏中所含的花青素与酸性柠檬汁反应生成粉红色汁液，用于啫喱和糖煮。

红紫苏啫喱

红紫苏汁

红紫苏风味糖煮桃子

用盐揉搓，搅拌到奶油里

将原本用来腌制梅干的盐腌红紫苏切碎，混合在奶油或烤制点心里。因为咸味太重，所以要注意控制使用的量。

红紫苏奶油霜

盐渍红紫苏

把叶子烘干

将红紫苏铺在烤盘上，用70摄氏度的烤箱烤3小时左右，烤成薄片。摆盘完成时可以作为装饰。

◉ 用于制作甜点时的要点

尝试同蔷薇科的水果搭配

红紫苏是香草的一种，与桃、李子、草莓等蔷薇科的水果以及葡萄等很搭配。

充分利用粉红色的构思

从红紫苏中煮出来的汁液，它的特征是鲜亮的粉红色，可以考虑利用颜色来构思甜品。

组成1

准备工作

制作红紫苏汁

Jus de *Shiso* rouge

材料　容易制作的分量

红紫苏叶……50克

A
- 水……500克
- 柠檬汁……20克
- 细砂糖……50克
- 维生素C……1克

制作方法

1

用水多次冲洗红紫苏，洗掉污渍。沥干水分。

2

将**A**中的食材放入锅中煮至沸腾，加入红紫苏叶，紫苏汁变为粉红色状态需要煮2～3分钟。

3

用万能过滤网过滤，再用橡胶铲挤压，充分地提取出红紫苏的汁液。

组成2

红紫苏啫喱

Gelée de *Shiso* rouge

材料　3人份

红紫苏（参照左栏）……250克

A
- 细砂糖……15克
- 琼脂（植物胶）……3克

制作方法

1

将红紫苏汁倒入锅里加热至60摄氏度。加入混合好的**A**中的食材，用橡胶铲边搅拌边加热至沸腾。

2

移到盆里，稍微放凉到不烫手后放入冰箱冷藏至凝固。

组成3

红紫苏风味糖煮桃子

Pêches pochées au *Shiso* rouge

材料 12人份

桃子……3个

红紫苏汁（见第69页）……250克

制作方法

1 在桃皮上切十字刀，放入沸腾的水中烫皮，皮能剥下来时取出，放入冰水剥皮。

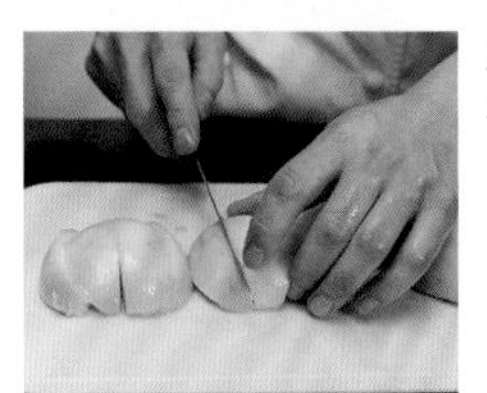

2 用刀在桃子上旋切一周，对半切开，八等分。

3 将桃块放入盆中，注入加热至90摄氏度的红紫苏汁，表面用保鲜膜紧紧密封，大致浸泡1小时，其间时不时地将桃子上下翻面。然后放入冰箱冷藏降温*。

* 剩下的糖煮汁，可以煮制成酱料，也可以做成啫喱。

组成4

红紫苏桃红香槟雪芭

Sorbet au *Shiso* rouge / champagne rosé

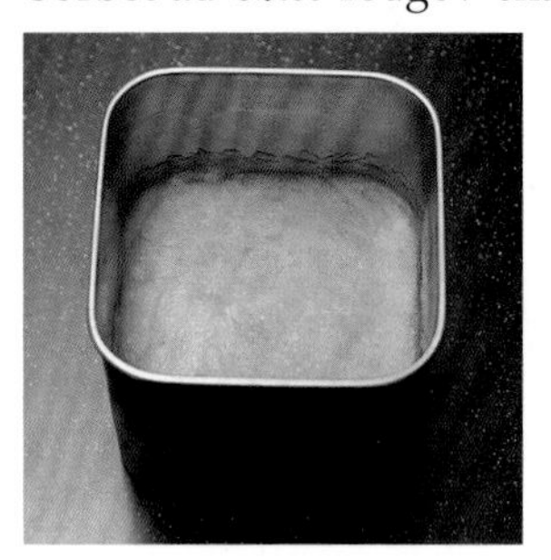

材料 6人份

A 水……100克
麦芽糖……15克

B 细砂糖……30克
稳定剂……2克

柠檬汁……12克

红紫苏汁（见第69页）……30克

桃红香槟……200克

制作方法

1 将**A**中的食材放入锅内加热，加入混合好的**B**中的食材煮至沸腾。

2 将**步骤1**的食材移入盆里，将盆底放入冰水中边搅拌边冷却。将柠檬汁、红紫苏汁按顺序加入搅拌。

3 最后沿着盆的边沿倒入桃红香槟，轻柔地搅拌均匀。然后用冰激凌机制作。

组成5

红紫苏马卡龙

Macarons au *Shiso* rouge

1. 马卡龙面糊

Pâte à macarons

材料 30～35个

A | 杏仁粉……125克
  | 糖粉……125克

蛋清……45克

B | 蛋清……50克

糖浆

| 细砂糖……125克
| 水……30克

色素粉（红）……少量

制作方法

1. 前一天将**A**中的食材过筛备用。
2. 将**步骤1**的食材放入盆中，加入蛋清，用橡胶铲搅拌成糊状。
3. 制作意式蛋白霜。将蛋清放入搅拌机的专用容器里打发蛋白，将做糖浆用的材料放入小锅内加热至118摄氏度，在蛋白霜打发过程中分次一点点地加入，制成干性发泡状的蛋白霜。持续搅拌，待温热后稍微降低速度，加入色素粉混合搅拌。
4. 将**步骤3**的意式蛋白霜加到**步骤2**的食材里，开始是分次少量地加入搅拌，每次都要均匀混合，最后将蛋白霜全部混合搅拌。
5. 用刮板的一面轻轻按压马卡龙面糊，消除泡沫。当其质地变得柔软，抬起再慢慢落下的状态是判断马卡龙面糊合格的标准。
6. 将面糊放入装有10毫米圆口挤花嘴的裱花袋中，再挤在铺有烘烤布的烤盘上，挤成直径3厘米的圆形。
7. 轻叩盘底，使挤花时遗留在表面的小尖角消失。静置30分钟，使表面干燥，用手指轻触，没有粘黏为好。
8. 放入预热至140摄氏度的烤箱内约烤8分钟。途中前后调转烤盘方向再烤制。烤好后取出，在烤盘中冷却。

2. 红紫苏奶油霜

Crème au beurre *Shiso* rouge

材料 3人份

盐渍红紫苏

| 红紫苏叶……70克
| 食盐……20克

奶油霜

| 黄油（常温）……135克
| 鸡蛋……45克
| 水……30克
| 细砂糖……90克

制作方法

1

制作盐渍红紫苏。将红紫苏用水清洗后沥干水分。为了防止手指染上颜色，要戴上橡胶手套操作。将红紫苏和一半分量的食盐放入盆里搓揉，灰汁渗出来时捏紧红紫苏，把灰汁倒掉，再放入剩下的食盐继续揉搓，然后捏紧红紫苏，把渗出来的灰汁倒掉。

2

制作奶油霜。将鸡蛋和水放入盆中，用打蛋器搅拌，然后加入细砂糖。隔水加热，用打蛋器搅拌加热至75摄氏度。

3

将**步骤2**的食材从热水中取出，用手持搅拌机边搅拌边冷却到30摄氏度左右。将黄油（常温）分3～4次加入，用手持搅拌器搅拌均匀。

4

将盐渍红紫苏叶切碎，平衡口味，以10克为基准加入奶油霜里搅拌。

3. 完成

制作方法

1

将红紫苏奶油霜放入有圆口裱花嘴的裱花袋中，给马卡龙壳挤上内馅，再用另一片马卡龙壳盖上并夹住。放入冰箱冷藏30分钟左右。

【组合、盛盘】

材料 盛盘点缀用

红紫苏叶……适量

1

将糖煮桃子放在厨房纸上沥干汤汁。在盘子右侧盛放少量捣碎的马卡龙壳作为“防滑垫”。

2

在高12厘米的鸡尾酒杯中，把用叉子粗略捣碎的红紫苏啫喱填到大约一半的高度。在上面放上两片糖煮桃子，用撕成小块的红紫苏叶装饰。放在盘子的左上方。

3

在盘子的靠手的前侧，将红紫苏马卡龙立起摆放。在防滑用的马卡龙碎上，放上用汤匙挖成的橄榄形的红紫苏和桃红香槟雪芭。

山椒杧果拼盘配酸奶雪芭

Assiette de *Sansho* et mangue, sorbet au yaourt

我们可以在山椒果实、山椒粉、树芽这三种食材中充分享受山椒的味道。
其中，新鲜的、风味鲜明的山椒果实最具魅力，大大地激发了我想做甜点的欲望。
如何活用山椒果实的柑橘香味，以及如何调节刺激性的辣味是关键点。

山椒

Sansho
Poivre japonais

DATA

分类	芸香科花椒属
生产地域	和歌山县
收获时间	树芽是4—5月，山椒果实是初夏，山椒粉是秋季

山椒果实

山椒果实是仅在初夏上市的珍贵的食材。它是产自日本本土的香料，具有柑橘类的新鲜味道和刺激性的辣味。

【基础处理】先煮一下再使用

山椒果实先要焯一水下再使用。从小树枝上取下煮2～3分钟，然后放入冷水中浸泡。保存时需要沥干水分，用密封袋密封后放入冰箱冷冻保存。

◉使用示例

可以做成糖煮，也可以给果酱添加辛辣的风味，还可以在鲜奶油等的液体中把精华液体煮出，做成半圆形巧克力甘纳许。

山椒果实的基础处理

糖煮山椒果实

山椒果实和杧果果酱

山椒粉

虽然有用成熟的山椒果实磨成的黑色山椒粉，但是在甜品制作上推荐使用未成熟的经过干燥加工后的青山椒。

◉使用示例

山椒粉有明显的柑橘的清爽香味，灵活利用柑橘的香味，与使用磨碎的柠檬皮末一样，加入法式蛋卷和玛德琳中，或加入面糊中添加香味。

山椒果实薄脆

◉ 用于制作甜点时的要点

充分利用山椒果实的魅力

青柑橘的香味和辣味是新鲜山椒果实特有的魅力。制作甜点时要将其魅力发挥到极致，和同系的柑橘类水果是最佳的搭配。

保持辣味的平衡

因山椒的辣味很强，所以宜加入柠檬汁和醋等酸味来中和味道。即便如此，成品还是太辣时，在盛盘的时候稍微去除部分山椒果实，以保持辣味的平衡。

树芽

树芽是山椒的嫩芽和嫩叶，有柑橘的香味，伴有淡淡的辣味，4～5月上市。在日本料理中，它作为装饰或切碎后用于树芽味噌汤中等。

◉使用示例

可作为香草，也可以和柑橘类水果或奶油奶酪混合使用，还可以用春卷皮卷起来油炸。

组成1

山椒果实杧果果酱

Marmelade de baies de *Sansho* / mangue

材料 8人份

杧果……净重320克

A 山椒果实（事先煮过的，见第74页）……10克
苹果醋……20克
香草精糊……1克

B 细砂糖……24克
NH果胶……4克

制作方法

1 将杧果剥皮去核后，切成边长1厘米的方块，与**A**中的食材一起放入锅中加热。时不时搅拌烹煮，煮到能用指腹压扁山椒果实。

2 将混合好的**B**中的食材加入锅中煮开，煮2～3分钟，煮至黏稠。保持原状放凉，然后根据自己的喜好挑拣出山椒的果实。

组成2

山椒粉法式蛋卷

Cigarettes au *Sansho*

材料 15人份

黄油……50克

糖粉……50克

蛋清……50克

A 低筋粉……50克
山椒粉……1克

制作方法

1 将**A**中的食材混合过筛备用。把恢复到常温的黄油、糖粉放入盆中，用打蛋器搅拌均匀。一点点加入蛋清搅拌，最后加入**A**中的食材。

2 在烘焙布上，用小抹刀把**步骤1**的食材抹成直径6厘米大小的薄片。将烘焙布放在烤盘上，放入预热到160摄氏度的烤箱内烤10分钟左右，烤至上色。

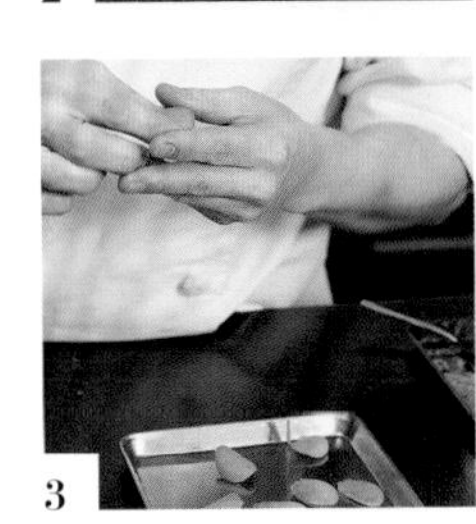

3 取出后，趁热用手弯曲成弧形，然后冷却。

组成3

山椒粉酸奶雪芭

Sorbet *Sansho* / yaourt

材料　10人份

水……200克

蜂蜜……40克

A　细砂糖……80克
　山椒粉……3克
　稳定剂……2克

柠檬汁……48克

原味酸奶……300克

制作方法

1

将**A**中的食材混合备用。将水、蜂蜜放入锅里加热，然后放入**A**中的食材，搅拌均匀，煮至沸腾。

2

把**步骤1**的食材移入盆中，将盆底放入冰水中冷却。加入柠檬汁、酸奶，用手持搅拌机搅拌，最后使用冰激凌机制作。

组成4

糖煮山椒果实

Confit de baies de *Sansho*

材料　容易制作的分量

山椒果实（预先焯水，见第74页）……30克

A　水……60克
　麦芽糖……10克
　蜂蜜……60克
　细砂糖……20克
　柠檬汁……15克

制作方法

1

将**A**中的食材放入锅里煮至沸腾，制作成糖浆。

2

将山椒果实放入**步骤1**的食材中，用最弱的火力将糖浆煮至一半的量。锅内原样冷却。

【组合、盛盘】

材料 成品完成用

杧果……适量
树芽……适量

1
在盘子的左侧方，把山椒果实杧果果酱摆放成圆弧形。然后把随意切块的杧果放在上面。

2
在**步骤1**的食材上面摆放用汤匙挖成的橄榄形的山椒粉酸奶雪芭，根据拼盘的整体协调性，摆放3枚山椒粉法式蛋卷。

3
选两处用山椒树芽做装饰，然后撒上糖煮山椒果实。

生姜雪芭配嫩煎法式生姜草莓

Sorbet au *Shoga*, fraises sautées

[译者注：嫩煎（sautées）是在平底锅中加入少量的油或黄油，以相对较高的温度加热的烹饪方法。]

生姜作为香料和药材在世界上被广泛使用。

在甜点中也经常使用生姜，在法国，生姜多与柑橘类水果搭配，但实际上它与任何水果都是绝配。这款甜点用生姜搭配草莓、雪芭、糖煮等。

生姜

Shoga
Gingembre

DATA

分类	姜科多年生草本植物
生长地域	高知县、熊本县、千叶县
收获时间	老姜9—10月，新姜6—8月和9—10月
挑选方法	老姜圆鼓紧实，新姜有水润感

老姜（古根生姜）

一年四季都能买到生姜，生姜一般是在秋天收获后储藏一段时间后才上市的。因其水分流失，纤维质多，故辣味重。

生姜雪芭

◉使用示例

作为佐料，在料理中仅使用少量即可。在雪芭和水果嫩煎的最后加入生姜，能增加辛辣的口感。

生姜粉

生姜干燥后加工成粉状的食材。

◉使用示例

生姜粉可加在莎布蕾或玛德琳、费南雪等烤制点心中使用。

生姜莎布蕾

子姜

从用来种植的老姜中新长出来的生姜。也可以说，秋天新收获的生姜不经储存、直接上市的生姜。

糖煮生姜

◉使用示例

因为子姜水分多，辣味也淡，调了味道后就可以直接食用。用糖浆将子姜煮成糖煮，或者把糖浆沥干做成果脯。

蜜汁生姜干/生姜果脯

◉ 用于制作甜点时的要点

生姜适合于任何水果

不挑剔水果，适合于与任何水果搭配，试着用了菠萝和杧果等时令水果搭配，另外，它和巧克力也很相配。

不使风味挥发流失，要尽快使用

生姜的辣味和香味容易挥发流失，切好或研碎后需立即使用。另外，为了让口感更好，一定要削掉生姜皮后再使用。

研磨的生姜泥同姜汁一并使用

研磨的生姜泥、果肉和汁液同时使用，充分发挥生姜的风味。

组成1

生姜雪芭

Sorbet au *Shoga*

材料　12～14人份

A　水……300克
　麦芽糖……40克
　蜂蜜……18克

B　细砂糖……150克
　稳定剂……4克

柠檬汁……200克

磨碎的老姜……40克

制作方法

1 将**A**中的食材放入锅里加热，再放入混合好的**B**中的食材，煮沸。

2 将**步骤1**的食材移入盆中，把盆底放入冰水中边搅拌边冷却。

3 加入柠檬汁、磨碎的老姜，使用冰激凌机制作。

组成2

糖煮子姜

Shoga nouveau confit

材料　30人份

子姜切丝……净重90克

A　水……180克
　细砂糖……90克
　柠檬汁……20克

制作方法

1 子姜剥皮，切成宽5毫米的薄片再切成丝。

2 将子姜丝快速过水除涩，再控干水分。

3 将**A**中的食材放入锅里煮至沸腾，制作成糖浆，加入子姜丝熬煮。

子姜煮好后移到耐热容器里，用保鲜膜封好冷却。

组成3

生姜莎布蕾

Sablés au *Shoga*

材料 20人份

黄油……163克

粗黄糖……75克

食盐……1克

鸡蛋……30克

杏仁粉……38克

薄脆*……38克

A | 低筋粉……163克

　 | 生姜粉……2克

* | 也可使用燕麦或无糖格兰诺拉麦片。

制作方法

在大盆里放入恢复至常温的黄油。将**A**中的食材混合并过筛备用。

将粗黄糖和食盐放入**步骤1**的盆中，用橡胶铲混合搅拌。同样，按顺序将鸡蛋、杏仁粉、薄脆、低筋粉、生姜粉逐步加入混合搅拌。

将**步骤2**的食材放在2张烘焙布中间，用擀面棒延伸擀成2毫米厚。

将上面的烘焙布揭掉，将食材连同烘焙布放到烤盘上，放入预热至160摄氏度的烤箱，大约烤制20分钟。

取出冷却，切割成2厘米大小。

组成4

嫩煎法式生姜草莓

Fraises sautées parfumées au *Shoga*

结合装盘的时间制作

材料 3人份

草莓……10个

细砂糖……20克

柠檬汁……5克
磨碎的老姜……2克
白兰地……3克

制作方法

1

切掉草莓根部硬的部分，将草莓对半切开。平煎锅里放入细砂糖，开火，加热到砂糖变为淡淡的焦糖色。

2

加入柠檬汁、磨碎的老姜混合，放入草莓迅速煎炒。

3

倒入白兰地。用法国酒焰法烹制。趁热盛在盘子上。

【组合、盛盘】

材料 成品完成用

草莓……适量
薄荷……适量
磨碎的柠檬皮……适量

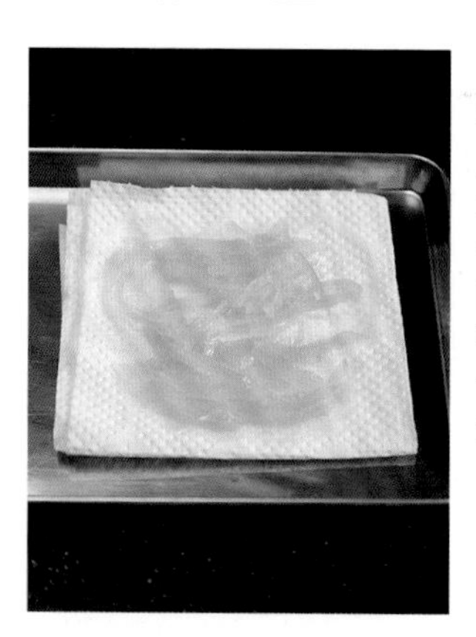

1

将糖煮子姜放在厨房用纸上展开，控水备用。将草莓尾部硬的部分剔除，除了需要完整的草莓，还要准备对半切开的和四等分切开的草莓。

2

在盘子里放一小块生姜莎布蕾，用来防止雪芭滑动。

3

在盘子空着的地方盛放**步骤1**的草莓，撒上糖煮子姜。

4

在**步骤3**的食材上面，趁热再放入嫩煎法式生姜草莓，撒上糖煮子姜和薄荷。

5

将挖成橄榄形的生姜雪芭放在**步骤2**的生姜莎布蕾上。整体撒上磨碎的柠檬皮。

山葵巧克力组合

Composition de *Wasabi* et chocolat

山葵是为数不多的日本原产蔬菜。
这款甜点不仅使用了山葵根部，还使用了茎部，
再配上酥脆口感的蛋卷，做成了爽口的甜点。
另外，山葵也有土壤栽培的旱地山葵，
本书中使用的是在风味方面更胜一筹的泽山葵。

山葵
Wasabi
Raifort japonais

DATA

分类	十字花科山嵛菜属
主要产地	长野县、岩手县、静冈县
挑选方法	【山葵】表面有紧密的凹凸间隔，有沉甸甸的手感 【山葵叶及山葵花】挑选水灵灵的、新鲜的食材

山葵花

春天开花的山葵花同山葵叶一样也有辣味，可食用。

山葵叶

山葵的叶子和茎两处合称为“山葵叶”，山葵叶有着山葵特有的辛辣味，经常被做成酱菜和佃煮。

【基础处理】
盐搓后焯水

用盐好好揉搓，将灰分排除，清洗后用开水大致焯水，激发辣味。

◉使用示例

经过初步处理后，将山葵叶放入糖浆里做成糖煮，也可以做成法式果酱。

糖煮山葵叶

山葵

山葵的根部。把山葵的须根削掉，然后用细口的磨泥器从茎部研磨，随着空气融入，辣味就会释放出来。

◉使用示例

将山葵磨成泥状后放入奶油或雪芭中使用，还可以连皮切成薄片在糖浆中过一下，然后烤干使用。

柠檬和山葵奶油

山葵片

◉ 用于制作甜点时的要点

味道兼容性

山葵具有强烈的辛辣味，但香气细腻。切碎或研磨后，气味会随着时间的流逝而挥发，因此只能在使用前加工切碎。

适用于任何水果

山葵和任何水果都是绝配，特别是菠萝、杧果、百香果等热带水果，和巧克力也很搭。

山葵连皮使用

山葵皮有辛辣的味道，只需把脏的地方刮掉，不用削皮即可使用。

组成1

糖煮山葵叶

Tiges de *Wasabi* pochées

材料　10人份

A | 水……120克
 | 细砂糖……60克
 | 柠檬汁……40克

山葵叶（茎的部分）……100克

食盐……适量

制作方法

1

用**A**中的食材制作糖浆。锅里放入水和细砂糖煮沸，冷却后加入柠檬汁。

2

将山葵叶切成长15厘米的段，用食盐揉搓清洗。快速焯水后用冰水冷却。

3

将**步骤2**的山葵叶一根根地展开，平行拦腰切成厚约1毫米的薄片。

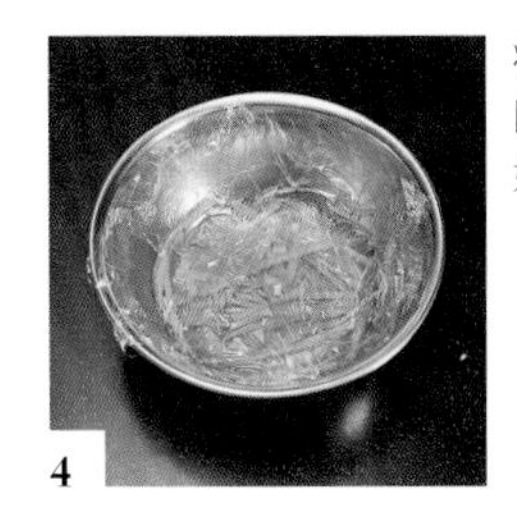

4

将山葵叶放入糖浆里。为了防止空气进入，用保鲜膜封好，并放置15分钟左右。

组成2

山葵柠檬奶油

Crème *Wasabi* / citron

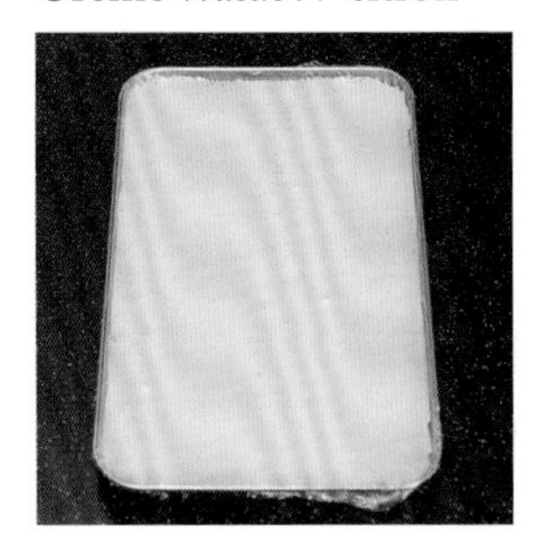

材料　6人份

鸡蛋……120克

细砂糖……60克

柠檬汁……120克

磨碎的柠檬皮……½个柠檬

板状明胶……4克

黄油……76克

磨碎的山葵泥……8克

制作方法

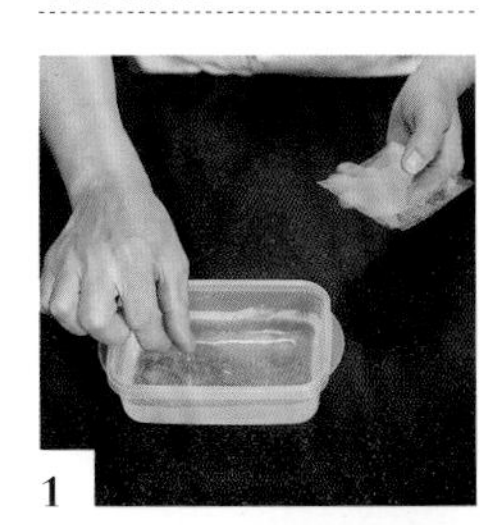

1

将板状明胶用冰水泡上备用。

2

将鸡蛋和细砂糖放入盆中搅拌溶解，通过网筛倒入锅中。加入柠檬汁和磨碎的柠檬皮末。

3

将**步骤2**中的食材加热，用橡胶铲搅拌熬制，整体煮沸并呈黏稠状关火。加入挤干水分的明胶，搅拌融化，冷却至60摄氏度。

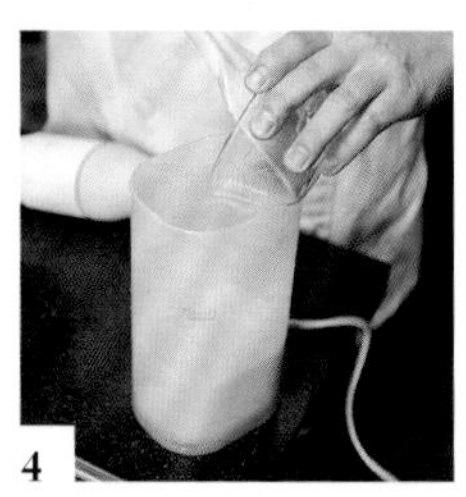
4

加入黄油、磨碎的山葵泥，用手持搅拌器搅拌。移到托盘中，放入冰箱冷藏保存。

组成3

山葵柠檬雪芭

Sorbet au *Wasabi*

材料　10人份

牛奶……300克

水……125克

A｜细砂糖……120克

　｜稳定剂……2克

柠檬汁……20克

磨碎的山葵泥……12克

制作方法

1

将**A**中的食材混合备用。锅里加入牛奶和水，烧至温热，加入**A**中的食材，煮至沸腾。

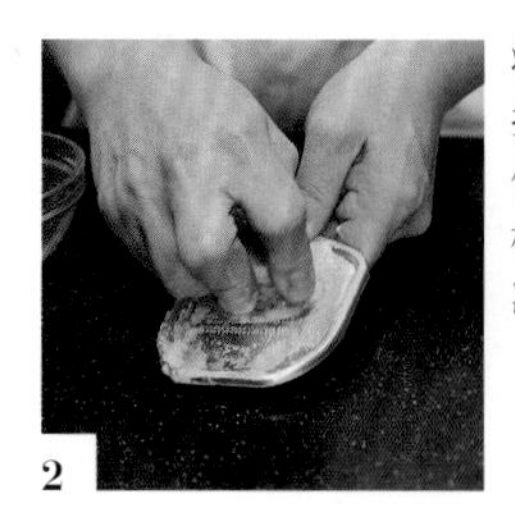
2

将**步骤1**的混合物移入盆里。把盆底放在冰水中，搅拌，使其充分冷却，然后加入柠檬汁、磨碎的山葵泥。打开冰激凌机加工。

组成4

山葵烤片

Chips de *Wasabi*

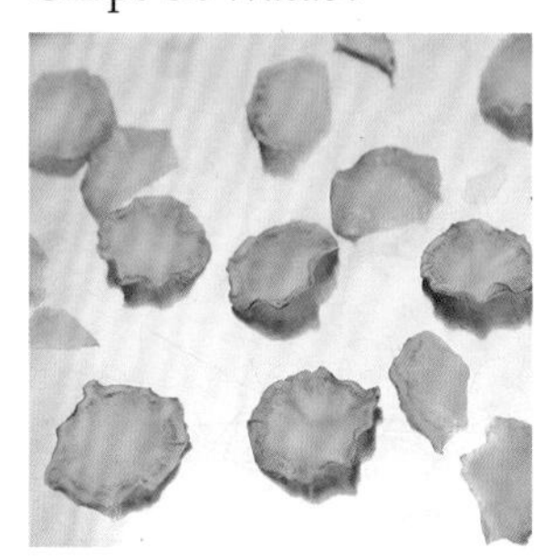

材料　容易制作的分量

山葵……适量

糖浆（细砂糖和水按1∶2的比例煮至细砂糖溶化并冷却）……适量

制作方法

1

山葵用切片机薄切，在糖浆里泡一下。

2

将山葵片摆在铺有烘焙布的烤盘上，用预热80～100摄氏度的烤箱烤制2小时，使其干燥。

组成5

杏仁达克瓦兹饼
Pâte à dacquoise aux amandes

材料 15人份

A | 杏仁粉……90克
  | 糖粉……90克
  | 低筋粉……24克

蛋清……114克

细砂糖……38克

糖粉……适量

制作方法

1. 将A中的食材混合过筛备用。
2. 将蛋清倒入盆中，用手持搅拌器搅拌。加入细砂糖，打发成蛋白尖能直立的硬性发泡蛋白霜。
3. 将**步骤1**的食材分2～3次加入**步骤2**的食材中，不使泡体破损，用橡胶铲快速搅拌均匀。
4. 将**步骤3**的混合物放入装有1厘米圆口挤花嘴的裱花袋里，按旋涡状（尺寸参考盛盘用的盘子比例）挤在铺有烘烤布的烤盘上。放入预热至170摄氏度的烤箱里烤大约20分钟，出炉冷却。表面撒上糖粉。

组成6

巧克力杏仁松脆饼
Croquant chocolat / amandes

材料 8人份

A | 黑巧克力……16克
  | 牛奶巧克力……16克
  | 帕林内……20克

薄脆片……60克

杏仁（烤熟的）……30克

制作方法

1. 将A中的食材放入盆中，用热水隔水融化。加入薄脆片和切碎的杏仁，混合搅拌。
2. 倒入铺有OPP薄膜的托盘上，粗略地铺展开。放入冰箱冷藏凝固。

组成7

尚蒂伊奶油巧克力
Chantilly chocolat

材料 20人份

黑巧克力……48克

牛奶巧克力……48克

A | 鲜奶油（乳脂含量35%）……113克
  | 麦芽糖……8克

鲜奶油（乳脂含量35%）……250克

制作方法

1. 将2种巧克力切碎放入盆中备用。
2. 将A中的食材放入锅中搅拌至沸腾。加入**步骤1**的食材混合溶解。
3. 将盆底放入冰水中，边搅拌食材边冷却。然后加入鲜奶油，用手持打蛋器打发至八分发泡。放入冰箱冷藏。

【组合、盛盘】

材料 成品装饰用

山葵粉（山葵片粉碎后研磨成粉状）……适量

1

将糖煮山葵叶放在厨房用纸上除去水分。裱花袋里放入尚蒂伊奶油巧克力，在深底摆盘容器里挤入25克尚蒂伊奶油巧克力。

2

根据容器的口径，用慕斯圆圈切取杏仁达克瓦兹饼。为了方便食用，将其分成4等份，并恢复圆形摆放，放在**步骤1**的食材上，轻按固定。

3

挤入大约40克的山葵柠檬奶油，将巧克力杏仁松脆饼掰碎，放置15克左右。

4

将糖煮山葵叶、山葵烤片散落摆放，中间摆放用汤匙挖成的橄榄形的山葵柠檬雪芭，撒上山葵粉。

#3

料理调料

Assaisonnements

味噌碧根果芭菲

Parfait au *Miso* et noix de pécan

说起味噌，首先想到的是以前经常吃的花生味噌。
我把花生换成了碧根果，为了追求餐厅甜点的效果，搭配了芭菲。
味噌醇香浓厚的味道与甜咸的平衡是门学问。

味噌

Miso

Pâte de soja fermentée

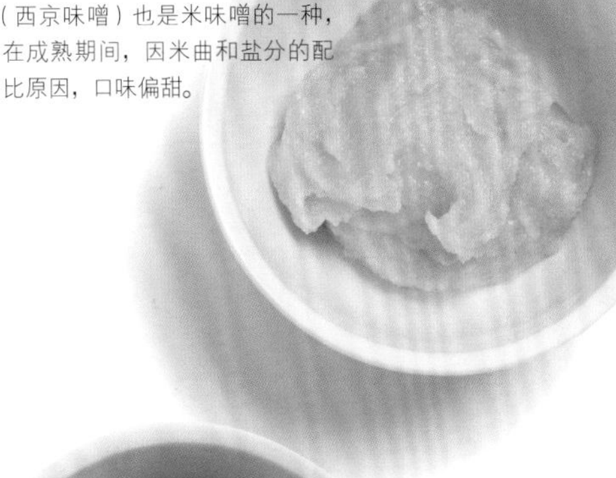

米味噌（白味噌）

米味噌是在大豆中加入米曲、食盐制成的味噌，占日本国内产量的八成。在关西使用的白味噌（西京味噌）也是米味噌的一种，在成熟期间，因米曲和盐分的配比原因，口味偏甜。

DATA

主要原料	大豆、米曲、麦曲、食盐等
主要产地	【米味噌】关东甲信越、东北地区、北海道等，几乎日本全国各地 【大麦味噌】九州、中国地区、四国地区 【豆味噌】爱知县、三重县
保存方法	防止表层干燥，冷藏保存

豆味噌

豆味噌是仅用蒸过的大豆和食盐，通过长时期的熟成制作的味噌。它具有浓郁的鲜香味和轻微的涩味。

大麦味噌

大麦味噌是用大豆、麦曲、食盐做的味噌。因为是农家自制的，所以也被称为“田舍味噌”。味道醇厚甘甜。

◉ 用于制作甜点时的要点

烘烤表面，激发香味

像白味噌芭菲（见第92页）一样不用加热制作的食物，很难突出味噌的风味，所以最好事先用喷枪在味噌的表面稍微烤一下再使用。

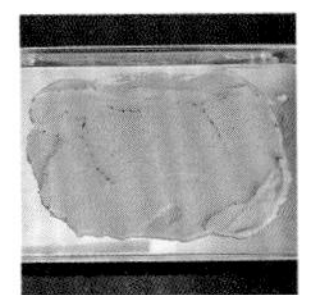

表面烤过的味噌

调整最佳的咸淡平衡

以咸味不能太重，同时还能散发味噌的香味的方法来调整配方。不同的味噌含盐量有所不同，因此在一一确认后再使用。

以免面团松懈，最后加入味噌

添加到面团中时，在味噌中所含的酵素的作用下，面团更容易松懈下垂。因此需要最后加入味噌，再快速混合，并立即入炉烘烤。

与坚果、豆类、柑橘类相配◎

味噌适合同坚果类或豆类，以及水果中的柑橘类搭配。这时也是需要把味噌稍微烤一下再使用。

◉ 使用示例

因为是调味料，所以味噌可以应用于玛德琳、费南雪等面团中，也可以混入芭菲、沙司中使用，还可广泛应用于各种各样的食品里。

白味噌芭菲

味噌碧根果

组成1

白味噌芭菲

Parfait au *Miso* blanc

材料　24厘米×14厘米的托盘1个（8人份）

A　白味噌……98克
　蜂蜜……27克
　酸奶油……36克

B　蛋黄……112克
　细砂糖……45克
　磨碎的柠檬皮末……27克
　水……15克

鲜奶油（乳脂含量35%）……300克

制作方法

1

将**A**中的味噌平铺在托盘中，薄薄地延展开，用喷枪轻微炙烤表面。然后把**A**中的其他材料一并放入盘中，用橡胶铲搅拌混合备用。

2

将**B**中的食材放入盆中，用打蛋器搅拌均匀，隔水边加热边打发，加热至70摄氏度时，从热水中取出，继续打发降温。

3

将**步骤1**的食材加入**步骤2**的食材中混合搅拌，然后再加入打发到七分发泡的鲜奶油，迅速搅拌均匀。

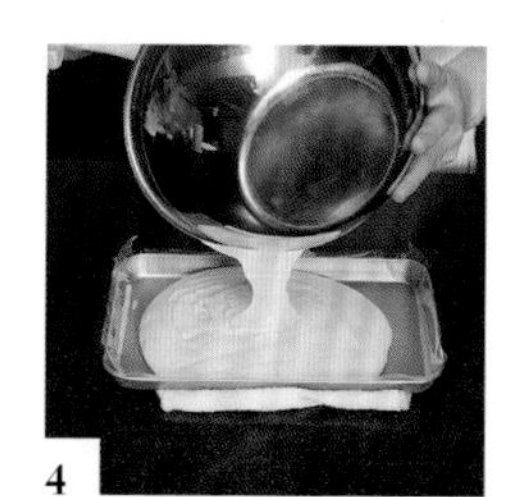

4

将**步骤3**的食材倒入铺有OPP薄膜的托盘上。放入冰箱冷藏凝固。

组成2

白味噌成功蛋白饼

Biscuits succès au *Miso* blanc

材料　20人份

A　蛋清……100克
　细砂糖……90克

白味噌……16克

B　杏仁粉……60克
　细砂糖……50克

制作方法

1

将**B**中的食材混合过筛备用。

2

将**A**中的食材倒入盆中，用手持搅拌器搅拌，打发成干性发泡状的蛋白霜。取出一部分和白味噌充分搅拌后放回到剩余的蛋白霜中，注意不要使泡体破损，用橡胶铲快速搅拌均匀。

3

将**步骤1**的食材加入**步骤2**的食材中，大致粗略地搅拌混合。

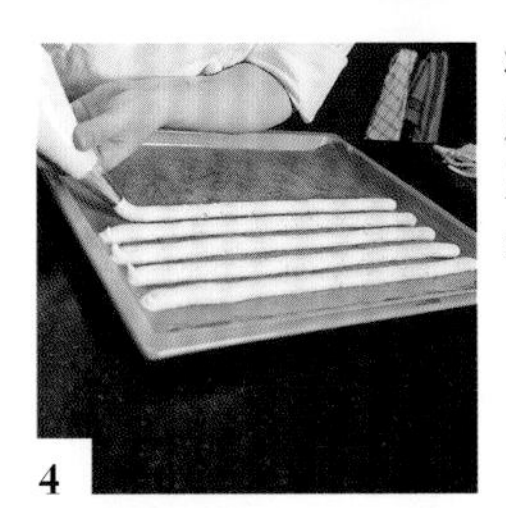

4

将**步骤3**的食材放入装有1厘米圆口挤花嘴的裱花袋里，按棒状挤在铺有烘烤布的烤盘上。

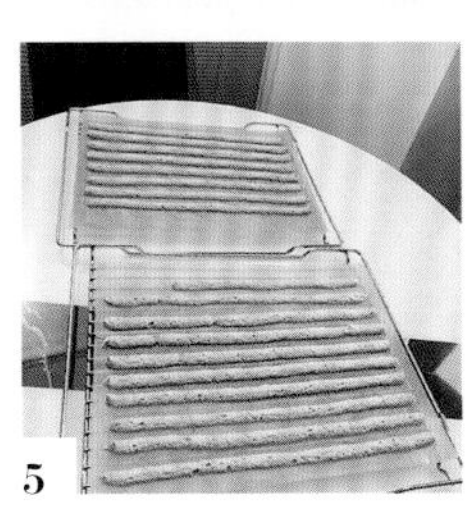

5

放入预热至135摄氏度的烤箱里烤35～40分钟，出炉冷却。

组成3

味噌碧根果

Noix de pécan caramélisée au *Miso*

材料 20人份

碧根果（烘烤过的原料*）……180克

黄油……15克

A 大麦味噌……30克
蜂蜜……20克
细砂糖……75克
水……30克

* 自己烘烤碧根果的时候，用160摄氏度的炉温烤20分钟。

制作方法

1

将**A**中的食材充分搅拌均匀备用。

2

在平底锅里将黄油融化，放入碧根果搅拌，加入**步骤1**的食材，使水分蒸发，让味噌糖浆牢牢地裹住碧根果。

3

放入铺有烘焙布的烤盘上铺开，静置冷却。

组成4

糖水煮柠檬

Compote de citron

材料 20人份

A 柠檬果肉……260克
磨碎的柠檬皮末……8克
细砂糖……100克

B 细砂糖……30克
果胶……8克

制作方法

1. 将**B**中的食材混合搅拌备用。

2. 将A中的食材放入锅内加热，中途从火上取下。用手持搅拌器边搅拌边加入B中的食材。

3. 再次放到火上加热至沸腾后，关火冷却。

【组合、盛盘】

材料 成品完成用

磨碎的柠檬皮末……适量

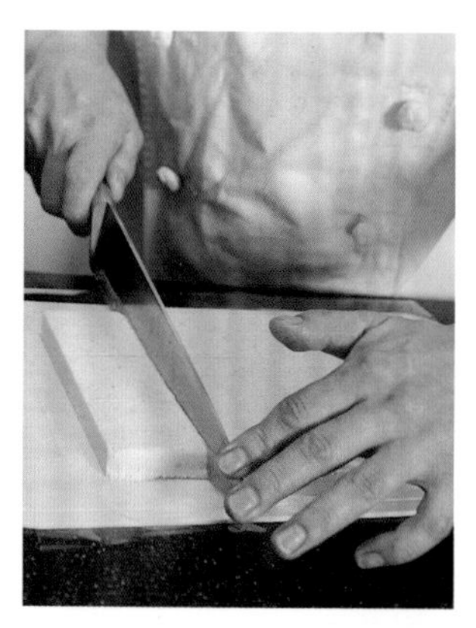

1
从托盘中取出白味噌芭菲，撕掉OPP薄膜，按宽4.5厘米切块。

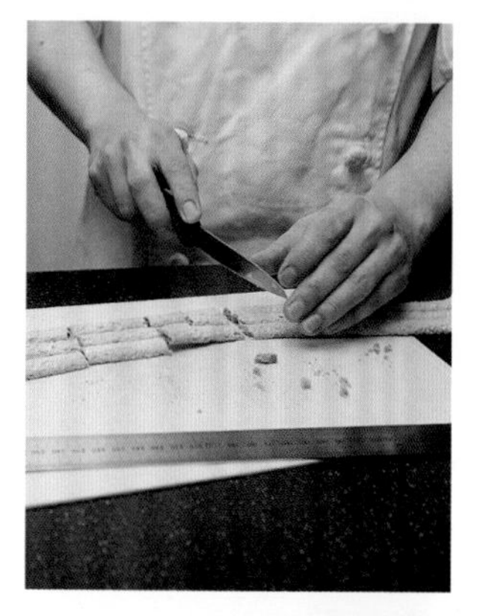

2
将白味噌成功蛋白饼按长4.5厘米切段。

3
将蛋白饼平的一面朝上，3根紧挨排列，把芭菲倾斜45度角，摆放在上面。

4
在芭菲的上面，将蛋白饼平面朝下，3根紧挨排列，按倾斜45度角摆放。原封不动放入冰箱冷藏备用。

5
将味噌碧根果粗略切碎。

6
在盘子上稍稍靠里的方位摆上些许切碎的味噌碧根果，在手前方的部位放上约15克的糖水煮柠檬酱。

7
在柠檬酱的上面将**步骤4**的食材竖起摆放，在靠近手前方也摆放上味噌碧根果。整体撒上磨碎的柠檬皮末。

酱油无花果甜品

Dessert de *Shoyu* et figues

日本料理中不可或缺的酱油，只要掌握了诀窍，就很容易应用在甜点上。
因为酱油的风味突出，所以使用的分量要根据味道来调整，
可以将其同香脂醋淋在香草冰激凌上，
或利用无花果与酱油、草莓与酱油等组合。

酱油
Shoyu
Sauce de soja

DATA

主要原料	大豆、小麦、米曲、食盐等
主要产地	千叶县野田市·铫子市、兵库县龙野市、小豆岛
保存方法	封紧盖子冷藏保存。常温下会因氧化而味道变差，颜色也会变深，要注意保存方法。

◉ 使用示例

酱油冰激凌

给冰激凌、焦糖水果、佛罗伦丁等甜品添加风味，可以加入芭菲中，也可以调成沙司。当使用于面团中时，首先将酱油与油脂混合，乳化后再使用。

酱油焦糖无花果干

酱油佛罗伦丁

浓味酱油（老抽）

一种明亮的红棕色酱油，通过混合等量的大豆和小麦制成。它占日本国内产量的80%。它可以加入烹饪料理中，蘸汁用或凉拌用等，含盐量是16%～17%。

淡味酱油（生抽）

以关西地区为中心被广泛使用的酱油，也使用在为突出食材颜色的料理中。虽然颜色很淡，但实际上它比浓味酱油咸味更重，含盐量是18%～19%。

◉ 用于制作甜点时的要点

选择香味浓郁的酱油

酱油美味的关键是香味。选择香气浓郁、味道不怪异、有醇厚香味的酱油。

咸度的平衡是关键

盐分低的酱油更容易作为甜品配料来使用。一定要边品尝边调整分量，以免咸味过重。

用焦香的“焦面”调和

酱油的香味与食物的焦味相得益彰。例如，用酱油给煎菠萝做成日式照烧风味，也可以将酱油加入焦糖中。此外，它与无花果和浆果类是绝配。

酱油粉

将酱油加工成粉末状。

◉使用示例

酱油粉可以添加到杰诺瓦兹（海绵蛋糕）、莎布雷等面团里，或者撒在成品上作为装饰。即使只是撒在冰激凌上，也会让人耳目一新。

组成1

酱油冰激凌

Crème glacée au *Shoyu*

材料 8人份

A 牛奶……250克
鲜奶油（乳脂含量35%）……50克
香草荚……⅙根（剖开刮籽）

B 蛋黄……50克
细砂糖……40克
粗黄糖……8克

浓味酱油……16克

制作方法

1

将**A**中的食材放入锅中，加热至即将沸腾。

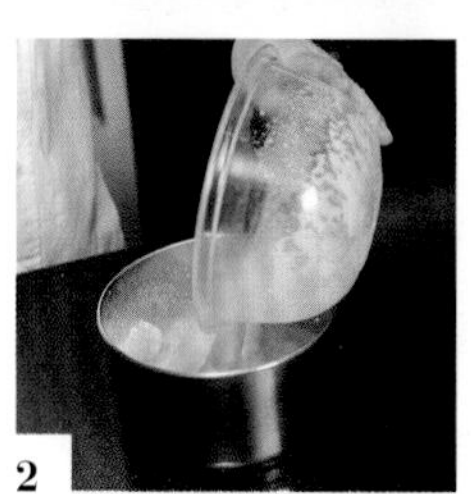
2

将**B**中的食材放入盆中用打蛋器搅拌，先将**步骤1**食材的一半的量加入盆中搅拌均匀，然后移回锅中一起搅拌，加热至83摄氏度。

3

将**步骤2**的食材过滤到盆里，趁热加入酱油，把盆底放入冰水中降温，然后使用冰激凌机制作。

组成2

酱油焦糖无花果干

Figues semi-séchées caramélisées au *Shoyu*

材料 6人份

无花果干……150克
细砂糖……40克
水……70克
浓味酱油……8克
白兰地……4克

制作方法

1

将无花果干四等分。在平底锅里放上细砂糖，中火加热至焦糖色。

2

加水，使焦糖溶解，放入无花果干略微煎煮，入味后加入酱油。

3

加入白兰地，用酒焰法烹制。

组成3

酱油佛罗伦丁

Florentins au *Shoyu*

材料 10人份

A | 黄油……20克
细砂糖……20克
麦芽糖……20克
鲜奶油（乳脂含量35%）……10克

浓味酱油……6克

杏仁片……55克

制作方法

1

将**A**中的食材放入锅中，中火加热，用橡胶铲混合搅拌，进行乳化。

2

沸腾后加入酱油混合，然后关火。放入杏仁片充分混合。

3

倒在铺有烘焙布的烤盘上，按2片杏仁片的厚度铺展开。

4

放入预热至170摄氏度的烤炉内烤10～15分钟。烤到焦香（中途将烤盘前后方向调转一次烘烤），取出冷却。

【组合、盛盘】

材料 完成加工用

无花果……1人约1个

1

无花果剥皮，将其按照月牙形状十二等分。在盛盘用的玻璃杯中留出中间部分，呈放射状摆放无花果。

2

在**步骤1**的食材正中心放入约30克的酱油焦糖无花果干。

3

用汤匙挖取较大的橄榄形酱油冰激凌，放在**步骤2**的酱油焦糖无花果干上。将切割适当大小的酱油佛罗伦丁，插在冰激凌上。

甜料酒柠檬雪芭杯
佐甜料酒覆盆子风味糖浆
Nage de *Mirin* et framboises

雪芭搭配甜料酒覆盆子风味糖浆，
克兰布尔（酥粒）的口感起到画龙点睛的作用。

甜料酒

甜料酒是由糯米、米曲、酒精酿制而成，含有适度的甜味和鲜味的液体调味料。其酒精含量为13%～14%，属于酒类，也有一种是“甜料酒风味调味料”，但本书使用的是纯甜料酒。

使用的日本食材

甜料酒

Mirin

Saké sucré

DATA

主要原料	糯米、米曲、烧酒
保存方法	在阴暗处保存。请注意，如果在冰箱内保存的话，糖会结晶。甜料酒风味调味料需要冷藏保存。

煮到⅔量的甜料酒

将甜料酒用小火煮至⅔量后放凉。甜料酒的甜味和米曲的风味得以浓缩，易于用作甜点。

◉ 使用示例

熬煮至⅔量的甜料酒，可以作为具有浓郁口感和风味的甜味糖浆，可以用在雪芭、沙司、糖煮水果等各种各样的料理中。

甜料酒柠檬雪芭

甜料酒覆盆子风味糖浆

糖煮甜料酒无花果

◉ 用于制作甜点时的要点

用于制作甜点时，要熬煮后使用

如果直接使用甜料酒，就如同使用普通的水一样，因此在用于甜点时，将其煮至⅔的量之后再使用，作为具有独特风味的甜味剂，和用枫糖浆的使用方法一样。

味道的契合

因为甜料酒是日式调味料，所以选择和红豆、黄豆粉等日式食材搭配在一起就不会出错，适合搭配的水果有菠萝、桃子、杧果、浆果类、柑橘类、葡萄等。

尽快使用

即使把甜料酒熬煮到⅔的量，香味也容易散掉，所以要尽快使用。

组成1

甜料酒柠檬雪芭

Sorbet *Mirin* / citron

材料 12人份

水……125克

磨碎的柠檬皮末……5克

A | 细砂糖……75克
  | 稳定剂……1克

柠檬汁……180克

牛奶……250克

煮至⅔量的甜料酒（根据喜好添加）……90克

制作方法

1 将水和磨碎的柠檬皮末放入锅中，开火加热。

2 将混合好的**A**中的食材加入**步骤1**的混合物中，搅拌煮至沸腾。移入盆里，把盆底放入冰水中冷却。

*要注意的是，如果在这个阶段不进行冷却处理的话，会导致之后加入的牛奶的蛋白质分离。

3 将柠檬汁、牛奶和熬煮过的甜料酒放入盆中搅拌。打开冰激凌机制作。

组成2

甜料酒覆盆子风味糖浆

Sauce *Mirin* / framboises

材料 6人份

A | 煮至⅔量的甜料酒……20克
  | 覆盆子……200克
  | 细砂糖……15克
  | 柠檬汁……3克

煮至⅔量的甜料酒……适量

制作方法

1 将**A**中的食材放入盆中，用保鲜膜封上，隔水加热。

2 当煮出了覆盆子的红色果汁，果实也变小一圈时，从火上取下。过滤除去果实，将风味糖浆放入冰箱冷藏冷却［剩下的果实可以使用在“覆盆子果酱”（见第102页）中］。

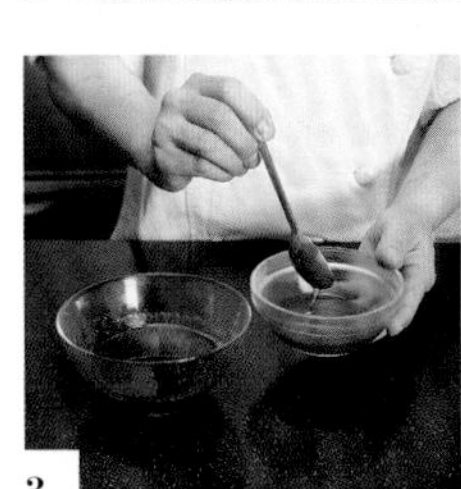

3 尝试味道，根据喜好加入熬煮的甜料酒。

组成3

覆盆子果酱

Marmelade de framboises

材料 15人份

覆盆子……250克

A | 细砂糖……25克
  | NH果胶……1克

制作方法

1. 将覆盆子切碎。把A中的食材混合备用。
2. 将覆盆子放入锅中，用中火搅拌熬煮至果实软烂并呈糊状。
3. 加入A中的食材搅拌，沸腾后关火自然冷却。

组成4

卡仕达轻奶油

Crème légère

材料 20人份

牛奶……250克

香草荚……¼根（剖开刮籽）

A | 蛋黄……60克
  | 细砂糖……40克
  | 低筋粉……12克
  | 玉米淀粉……12克

黄油……20克

鲜奶油（乳脂含量35%）……100克

制作方法

1. 制作卡仕达奶油。锅内放入牛奶和香草荚，加热至即将沸腾。
2. 将蛋黄、细砂糖、低筋粉、玉米淀粉依次放入盆中，每次加入都要用打蛋器充分搅拌均匀。再将**步骤1**的混合物加入盆中混合搅拌。
3. 开中火，用橡胶铲搅拌熬煮盆中混合物。当奶油变得黏稠且有了光泽后加入黄油充分搅拌。稍稍降温到不烫手的状态，放到冰箱冷藏冷却。
4. 鲜奶油打发成干性发泡，然后加入**步骤3**的混合物中搅拌混合。

组成5

克兰布尔（酥粒）

Crumble

材料 6人份

黄油……30克

A | 杏仁粉……30克
  | 低筋粉……30克

细砂糖……30克

制作方法

1. 将恢复常温的黄油放入盆中，搅拌成奶油状态。
2. 加入过筛的A中的食材和细砂糖，充分搅拌至没有粉末，揉成团。
3. 用手将面团撕成松子仁大小，放在铺有烘焙布的烤盘上，注意尽可能地不要重叠地铺放。
4. 放进预热至160摄氏度的烤箱中烤10分钟左右。出炉后原封不动冷却，然后用手将其搓散。

【组合、盛盘】

材料 成品完成用

覆盆子……1人约10粒
磨碎的柠檬皮末……适量

1
在深容器的中央部分，按圆形盛放约15克的覆盆子果酱。

2
在覆盆子果酱的边缘摆放覆盆子（预留出中央部分）。

3
在预留的中央部分放置约20克的卡仕达轻奶油，然后在上边撒上克兰布尔（酥粒）。

4
在带有注水口的玻璃杯中，倒入甜料酒覆盆子风味糖浆备用。

5
在**步骤3**的克兰布尔（酥粒）上面，摆放用汤匙挖成的橄榄形的甜料酒柠檬雪芭，撒上磨碎的柠檬皮末。搭配上**步骤4**的甜料酒覆盆子风味糖浆。

清酒冰激凌慕斯配清酒柳橙沙司

Mousse glacée au *Saké*, sauce à l'orange

清酒是一种全能食材，从柑橘类、浆果类、热带水果以及日本的水果，到巧克力和焦糖都能搭配清酒。您可以自由构思创意组合。这一次，选用柳橙作为辅料搭配，衬托出清酒的韵味。

浊酒

虽然它与清酒类似，但与普通清酒不同，因为未经过酒渣的沉淀而变得白浊，因此质稠而味道浓郁。另外还有一种含有活性酵母的瓶装发泡型浊酒。

清酒

以米、米曲、水等为原料发酵过滤而成。因为最后经过过滤除去沉渣物的加工，因此酒色清澈，味道清爽。

清酒

Saké
Alcool de riz

DATA

主要原料	米、米曲、酵母
酒精度数	15.4%
保存方法	清酒也可以在常温下保存，因为怕阳光和高温，所以要放在阴凉处保存。浊酒要冷藏保存。

其他

清酒酒粕

酒粕是清酒过滤后留下的白色沉淀物（见第110页）。例如给蛋白霜、面团/糊类等添加酒的风味，但又不想添加水分的时候使用清酒酒粕。

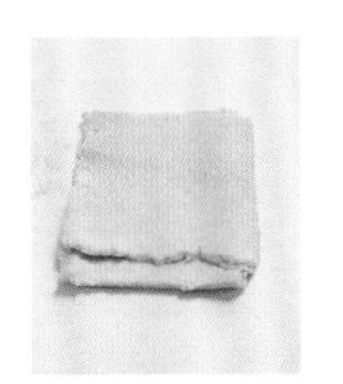

◉ 用于制作甜点时的要点

清酒起主导作用时，选择味道浓烈的食材

酒的味道千差万别。虽然可以根据自己的喜好选择，但是在加工酒香味十足的甜点时，要以“风味浓郁的食材”为标准来选择。

使用在非加热的甜品中

当清酒在高温加热后，风味会挥发冲淡，并且会失去原始味道的平衡。如果是用在沙司或慕斯等非加热的甜品中，就能发挥出清酒的原汁原味。但是，酒精即使冷冻也不容易凝固。

适用于任何水果

基本上什么水果都适合搭配清酒。首先需要考虑的是，搭配辅助性味道的食材（柑橘类等）是以酒为主角还是以味道浓烈的食材（李子类、巧克力等）为主角。

◉ 使用示例

清酒适用于未加热的甜品，例如慕斯、沙司和雪芭。要注意的是，如果清酒量过多，即使冷冻也不易凝固。

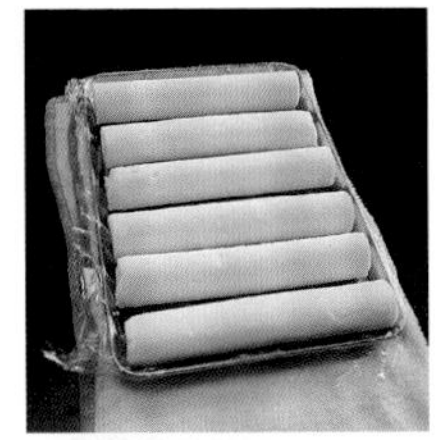

清酒冰激凌慕斯

清酒柳橙沙司

组成1

清酒冰激凌慕斯

Mousse glacée au *Saké*

材料　直径2.5厘米，长13.5厘米的圆筒模具12个

浊酒（未经分离的清酒）……240克

板状明胶……6克

蛋清……80克

A｜细砂糖……50克
　｜水……15克

鲜奶油（乳脂含量35%）……120克

制作方法

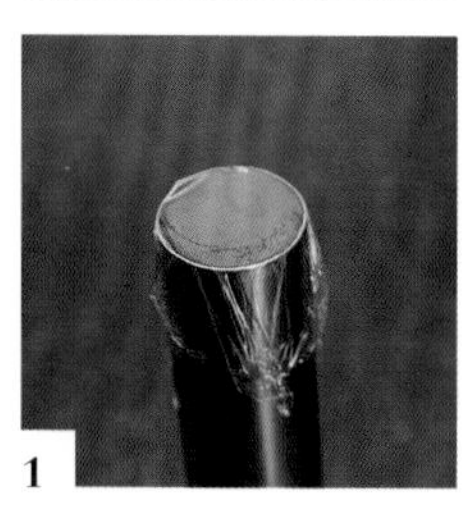

1

准备好制作螺丝卷用的圆筒，将圆筒其中一端的孔用保鲜膜紧密包裹封口。将板状明胶用冰水泡软备用。

2

将挤干水分的明胶和50克左右的浊酒放入耐热容器中，用微波炉加热至50摄氏度，搅拌融化。然后加入剩余的酒混合。将容器的底部放入冰水中降温冷却。

3

制作意式蛋白霜。将蛋清放入盆中用手持打蛋机打发，将**A**中的食材放入小锅中混合加热至118摄氏度，然后一点点地将其加入打发的蛋白里，打发至干性发泡状后放入冰箱冷藏保存。

4

使用另外一个盆，将鲜奶油打发至七分发泡，加入少量的意式蛋白霜搅拌融合，再将其放入**步骤2**的食材中混合搅拌。最后放回剩下的蛋白霜中，迅速搅拌混合。

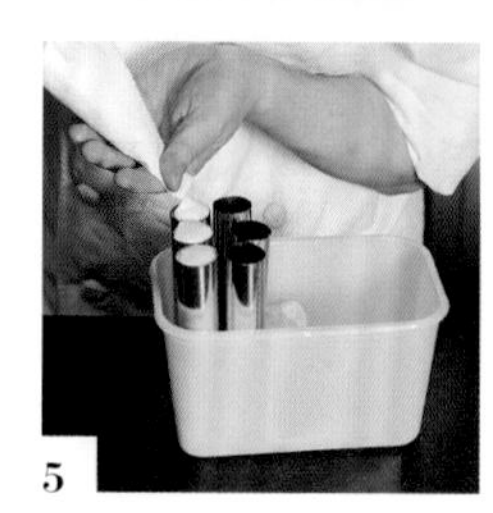

5

将**步骤4**的食材用裱花袋挤入圆筒中，将圆筒以站立的状态放入冰箱冷冻凝固。中途确认，如果表面有凹陷，用剩余的慕斯填平并用小抹刀将表面刮平，再次冷冻凝固。

组成2

酒粕蛋白霜

Meringue au *Sakékasu*

材料　30厘米×40厘米的烤盘，2个

酒粕（板状物）……8克

蛋清……100克

A｜细砂糖……65克
　｜海藻糖……35克

糖粉……90克

制作方法

1

将**A**中的食材混合备用，糖粉过筛备用。

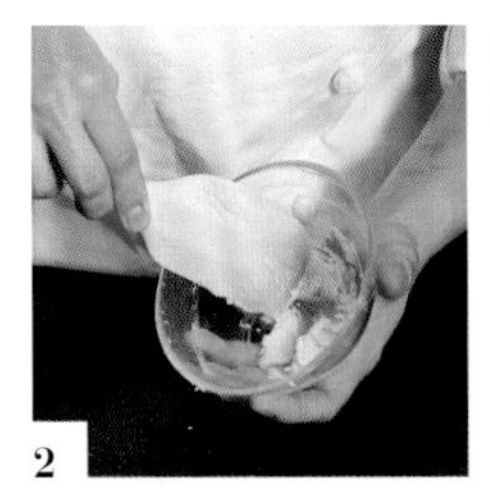
2

将酒粕放入盆中，加入少许蛋清，将其搅开。

3

再将剩余的蛋清加入，用手持打蛋机打发（因为酒粕的原因，使面糊容易下垂，不用在意，继续打发）。加入**A**中的食材继续混合搅拌，打发成干性发泡。入口确认是否有咔嚓咔嚓的口感（是为了确认海藻糖是否溶化）。加入糖粉，用橡胶铲快速搅拌。

4

将**步骤3**的食材放在2张烘焙布上，用抹刀将其薄薄地延展开，放入烤盘上。用茶漏撒上糖粉（计量外）。

5

用预热80～100摄氏度的烤箱烘烤3～4小时，直至干燥。取出在烤盘中冷却。将其切成4～5厘米大小，并储存在放有干燥剂的瓶子里。

组成3

柳橙果酱

Marmelade d'oranges

材料　容易制作的分量

柳橙……2个（净重500克）

香草荚壳……¼根

A｜细砂糖……50克
　｜NH果胶……5克

制作方法

1. 将整个柳橙焯2次热水，去除根蒂，连皮切成边长2厘米的丁后计量克重。将**A**中的食材混合备用。
2. 锅里放入柳橙、香草荚壳，用火熬煮，煮至沸腾后加入**A**中的食材混合搅拌。
3. 将其从火上取下，用搅拌机搅拌后再次熬煮至沸腾，然后冷却。

组成4

清酒柳橙沙司

Sauce *Saké* / orange

材料　容易制作的分量

柳橙果粒橙汁*……200克

柠檬汁……10克

A｜细砂糖……15克
　｜NH果胶……1克

清酒……适量

* 柳橙果粒橙汁是柳橙果粒和果汁的混合物。

制作方法

1

将**A**中的食材混合好备用。

2

将柳橙果肉橙汁和柠檬汁放入锅中加热，加入**A**中的食材煮至沸腾。

3

移到盆中，将盆底放入冰水中，边搅拌边冷却。然后加入清酒混合搅拌。

【组合、盛盘】

材料　成品完成用

柳橙果肉……适量
磨碎的柳橙皮末……适量

1

给裱花袋装上直径10毫米的圆口挤花嘴，放入柳橙果酱。在盘子中央并列挤上2条比清酒冰激凌慕斯稍长一点的果酱。

2

用手将装有清酒冰激凌慕斯的圆筒的周围捂热，然后从底部缓缓地推出慕斯，摆放在**步骤1**的食材上面。

3

将蛋白霜贴附在清酒冰激凌慕斯的左右两侧。

4

盘子的空当处，随意几处铺放上清酒柳橙沙司。

5

将除去内果皮的柳橙果肉三等分或四等分，摆放在慕斯冰激凌上。

6

撒上磨碎的柳橙皮末。

酒粕松饼配酒粕葡萄干冰激凌

Pancakes au *Sakékasu*, crème glacée aux raisins secs

糊状的酒粕口感极好，即使直接食用也很方便。
正值巨峰葡萄的季节，做了腌渍巨峰葡萄。
这个想法源自粕渍烧鱼。如果对酒粕有讲究的话，
选择自己喜欢的清酒酿酒厂的酒粕，就可以做出自己喜欢的味道。

酒粕

Sakékasu

Lie de saké

酒粕（糊状）

它是将板粕（参照右栏）揉捏成柔软的糊状物。其柔软且易于溶解，除了制作粕渍烧鱼和甘酒，在甜点中也有应用。茶色的清酒酒粕是另一种食材，用于腌制食品。

◉ 用于制作甜点时的要点

适用于任何水果

酒粕不挑对象，和任何水果都是绝配，可以根据不同季节上市的各种水果尝试搭配。

酵素的力量会使面糊松懈

还需注意，如果在蛋白酥和海绵蛋糕等发泡的面糊中加入清酒酒粕等发酵食材的话，因酵素的力量会将泡沫溶解，故容易让面糊松懈。

注意酒粕的酒精含量

尽管清酒酒糟中含有酒精成分，但由于水分少，因此难以通过加热使酒精成分挥发完全。加入酒粕的甜品提供给没有酒量的人群时要十分小心。

DATA

主要原料	清酒糟粕
保存方法	开封后连同包装袋一起放入保鲜袋，尽可能真空后冷藏保存。

酒粕（板粕）

酒粕是将清酒从酒醪中压榨出后留在自动压榨机中的副产品，也有糜状的酒粕。用水泡开，或者放在火上熬煮后使用。作为奶酪的替代品，它被用于素食和针对乳制品过敏的菜单中。

◉ 使用示例

酒粕可以混合在松饼、磅蛋糕、海绵蛋糕等中，也可腌制水果，或加入冰激凌中等。

酒粕松饼

糖煮酒粕葡萄干

酒粕葡萄干冰激凌

组成1

酒粕松饼

Pancakes au *Sakékasu*

材料　直径8厘米的慕斯圈6～7个

酒粕（糊状）……45克

细砂糖……100克

鸡蛋……150克

研磨的柳橙皮末……½个柳橙

A | 低筋粉……120克
　| 泡打粉……8克

黄油……适量

制作方法

1

将**A**中的食材混合过筛备用。

2

将酒粕和细砂糖放入盆中，用橡胶铲充分搅拌。

3

在**步骤2**的食材中加入鸡蛋和研磨的柳橙皮末，用打蛋器混合搅拌。

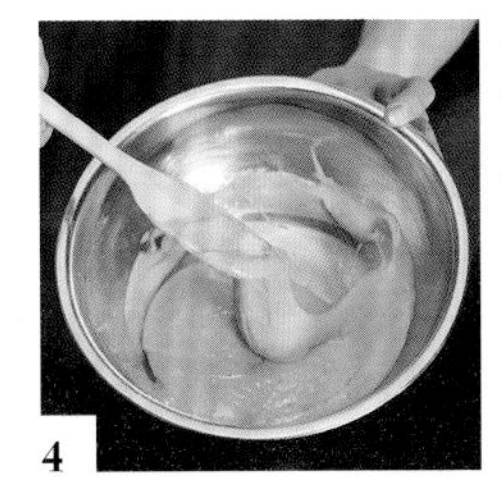

4

再将**步骤1**的食材加入，混合搅拌至柔软状态。用保鲜膜封好，放入冰箱冷藏醒发1小时，使面糊相融合。

5

在盛盘组合之前制作。将**步骤4**的食材装入裱花袋内备用。平锅里放入黄油，用小火融化。锅里放上慕斯圈，慕斯圈内侧垫上烘焙纸。

6

在慕斯圈里挤入1厘米高的面糊。用小火煎烤。烤至半熟时去掉慕斯圈和烘焙纸，翻面继续煎烤。

组成2

煮酒粕葡萄干

Raisins secs pochés au *Sakékasu*

材料　容易制作的分量

水……200克

酒粕（糊状）……60克

葡萄干……80克

制作方法

1. 将水和酒粕放入锅中，边用小火加热边用橡胶铲充分地搅拌，防止煮焦，使清酒酒粕完全溶解。
2. 将葡萄干放入盆中，倒入煮沸的**步骤1**的食材。
3. 将保鲜膜紧紧地粘在液体上，并保持原样直到冷却。

组成3

酒粕葡萄干冰激凌

Crème glacée au *Sakékasu* / raisins secs

材料 15人份

煮酒粕葡萄干（见第111页）……全部

A 牛奶……300克

鲜奶油（脂肪含量35%）……60克

酒粕（糊状）……40克

细砂糖……70克

麦芽糖……50克

制作方法

1 用漏网将煮酒粕葡萄干过滤，使葡萄干和浸泡液分开。

2 将**A**的食材放入锅中，边加热边用橡胶铲搅拌挤压，使酒粕溶解（如果酒粕有结块时，使用手持搅拌机溶解）。

3 将**步骤2**的食材煮沸后移到盆中，将盆底放入冰水中边搅拌边降温。

4 将**步骤1**的浸泡液加入混合，使用冰激凌机制作。做好后加入**步骤1**的葡萄干混合。

组成4

酒粕腌渍巨峰葡萄

Raisins géants marinés au *Sakékasu*

材料 6人份

巨峰葡萄（无籽）……18颗

A 酒粕（糊状）……70克

蜂蜜……18克

柠檬汁……6克

细砂糖……16克

制作方法

1 将巨峰葡萄清洗干净并擦干水分，切除根部。

2 将**A**中的食材放入盆中，用橡胶铲挤压搅拌至柔软状态。

3

将巨峰葡萄拌入**步骤2**的食材中，放入带有密封拉链的保鲜袋中，排除空气密封，放入冰箱冷藏一晚。

组成5

巨峰葡萄果酱

Confiture de raisins géants

材料 6人份

巨峰葡萄……200克

细砂糖……10克

柠檬汁……18克

A | 细砂糖……10克
　| NH果胶……2克

制作方法

1. 切除巨峰葡萄的根部，连皮切成6块，有籽的要将籽去除。
2. 把巨峰葡萄、细砂糖、柠檬汁放入锅中开火加热。煮沸后加入混合好的**A**中的食材，搅拌均匀，再次煮至沸腾。

【组合、盛盘】

材料 完成加工用

糖粉……适量

1

在盘子的左前侧，重叠放置2片酒粕松饼。

2

在盘子的右后方，盛放一小块巨峰葡萄果酱，用作“防滑垫”。此外，在松饼的边缘也淋上巨峰葡萄果酱。

3

将酒粕腌渍巨峰葡萄连带腌料一起切半，盛放在盘子的空白处。

4

在松饼上撒上糖粉，将用汤匙挖成的橄榄形的酒粕葡萄干冰激凌放在**步骤2**的果酱上。

煎盐曲菠萝配米曲雪芭

Ananas sauté au *Shio-Koji*, sorbet au *Kome-Koji*

菠萝用盐曲腌制的话，因为盐的渗透力，
盐分会渗入菠萝中，相反果汁也会析出。
将这种甜而咸的果汁活用于雪芭中，
用泡发的米曲增加甜味，制作了有独特香味的发酵甜品。

盐曲

Shio-Koji
Koji salé

盐曲

盐曲是日本传统的发酵调味料，是由盐和水混合在米曲中精制而成的，具有独特的鲜香味。既有成品，也可以自己手工制作。

DATA

原料	米曲、盐
保存方式	放入有盖子的保鲜容器内冷藏保存。

原料是米曲

米曲是通过将曲霉菌附着在精米上从而使微生物繁殖而制成的。米曲不仅是盐曲的原料，还是味噌、酱油、甜料酒、甘酒等的原料。虽然也有鲜米曲，但市场上是以干燥米曲为主，有板状的米曲（右）和散开的米曲（下）。

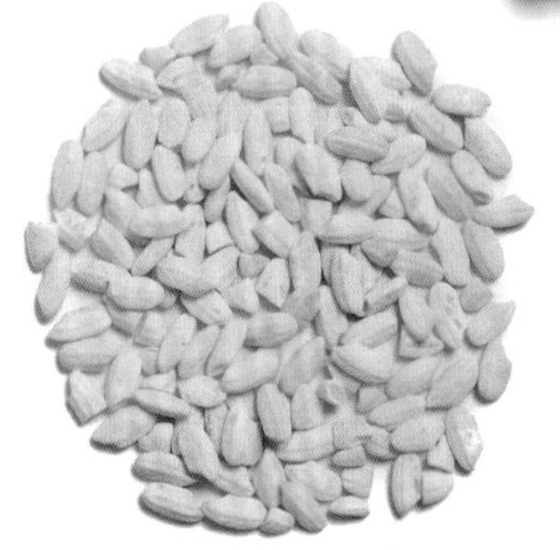

其他

米曲速成甜酒

如果感觉盐曲的咸味太过强烈时，可以将米曲用热水泡发并加热而制成速成甜酒。

◉使用示例

除了用盐曲腌制水果，还可以将流出来的果汁一起调制成饮料。

煎盐曲菠萝

◉ 用于制作甜点时的要点

注意盐分的平衡

要注意盐曲的咸度。注意控制盐量，不要太咸。腌制水果时，腌制的时间越长，水果越咸，最好在腌制过程中边品尝味道边腌制。

了解发酵调味料的特性

如果在蛋白霜和鲜奶油中加入盐曲等发酵调味料的话，面团或面糊会因酵素的作用松懈下垂，需要注意。

组成1

煎盐曲菠萝

Ananas sauté au *Shio-Koji*

材料 6人份

菠萝……½个（约500克）

A 盐曲……50克
蜂蜜……20克

黄油……适量

细砂糖……适量

制作方法

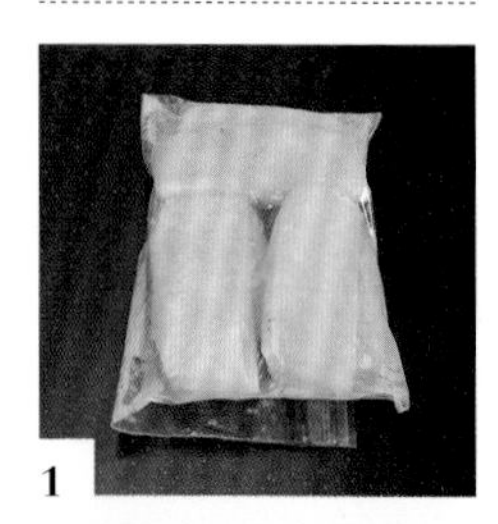
1

将菠萝去皮，去掉中心硬的部分，按照月牙形状切成六等份。将**A**中的食材放入有密封拉链的保鲜袋中混合，放入菠萝，抽出空气，放入冰箱冷藏腌制15分钟左右。

2

将菠萝和流出来的腌渍液分开［腌渍液在“米曲雪芭”（见右栏）中使用］。轻微地去除沾在菠萝上的曲，和黄油一起放入加热的平底锅里轻微地煎烤。

3

表面撒上细砂糖后翻面，使其烤出焦面。另一面同样撒上细砂糖后翻面，使其烤出焦面。

组成2

米曲雪芭

Sorbet au *Kome-Koji*

材料 12人份

60摄氏度的热水……300克

干米曲……40克

A 水……125克
麦芽糖……25克
生姜泥……15克

B 细砂糖……75克
稳定剂……2克

C 青柠汁……30克
鲜奶油（乳脂含量35%）……25克
盐曲腌液（“煎盐曲菠萝”中使用的）……70克

研磨的青柠皮末……½个青柠

制作方法

1

将60摄氏度热水和散开的干米曲放入电饭锅中，适度加热保温3小时（速成甜酒，见第115页）。

2

将**A**中的食材放入锅中加热，然后加入混合的**B**中的食材并煮沸。

3

移到盆中，将盆底放在冰水中，边搅拌边冷却。然后加入**步骤1**和**C**中的食材，混合后放入冰激凌机中操作。完成后，加入青柠皮末。

组成3

马斯卡彭卡仕达奶油

Crème pâtissière mascarpone

材料 8人份

牛奶……250克

香草荚……¼根（剖开刮籽）

蛋黄……64克

A
- 细砂糖……45克
- 低筋粉……12克
- 玉米淀粉……12克
- 黄油……20克

马斯卡彭奶酪……125克

制作方法

1. 锅内放入牛奶和香草荚，加热至即将沸腾。
2. 先将蛋黄、细砂糖、低筋粉、玉米淀粉依次放到盆中，每次加入都要用打蛋器充分搅拌均匀。然后加入**步骤1**中的食材，混合搅拌。
3. 移至锅中用中火加热，用橡胶铲搅拌熬煮。当奶油变得黏稠、有光泽时加入黄油，充分搅拌均匀。
4. 移到盆中，将盆底放在冰水中降温到不烫手后，放入冰箱冷藏冷却。先用橡胶铲搅拌松散，再加入马斯卡彭奶酪混合搅拌。

【组合、盛盘】

材料 盛盘点缀用

菠萝……适量

研磨的青柠皮末……适量

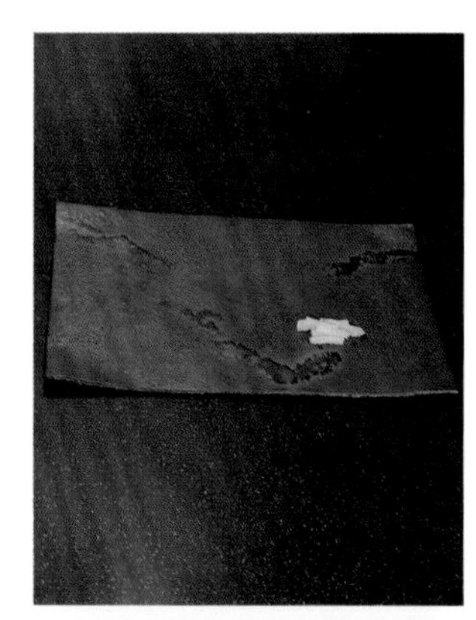

1

将菠萝切成3厘米长的粗丝，取少量铺在盘子的右下角附近，作为雪芭的“防滑垫”。

2

在盘子的左侧，将马斯卡彭卡仕达奶油按直径5厘米左右的圆形摆放，将煎盐曲菠萝对半切开，放在上面。

3

在**步骤2**的食材上面放上与**步骤1**相同的菠萝丝，撒上磨碎的青柠皮末。在防滑垫上放上挖成橄榄状的米曲雪芭。

米曲甜酒法式奶冻

Blanc-manger à l'*Amazaké*

尽可能地发挥出米曲甜酒的风味，
可利用朴素简单的法式奶冻。
虽然这是一道只要浇上覆盆子沙司就能完结的甜点，
但用了能更直接地传达米曲甜酒风味的冰激凌
和留有米曲粒的稍微带有弹性的瓦片饼做点缀。
在一个杯子中凝聚浓缩了米曲甜酒的所有魅力。

米曲甜酒

米曲甜酒是由大米和米曲制成的无酒精甜酒，为了将其与由酒粕制成的含有酒精的甜酒区分开，故被称为“米曲甜酒”。它保留了米曲的颗粒感，温和的甜味中存在着米曲特有的风味。虽然也有作为饮料的纯酿型，不过制作甜点时使用浓缩型（市售产品）比较方便。

◉ 用于制作甜点时的要点

事先煮沸腾，散发香气

米曲甜酒加热后香味会更浓。加热标准是70摄氏度以上。如果在制作过程中有煮开的工序，也可以事先不用加热。

用盐带出甜味

就像在小豆汤里加入少许食盐就能衬托出甜味一样，在米曲甜酒中也添加少许食盐就能衬托出甜味。

发挥细腻的风味

味道太浓的米曲，会失去米曲甜酒的细腻口感，所以要注意配方比例，控制用量。

米曲甜酒

Amazaké

Saké sucré sans alcool

DATA

主要原料	蒸熟的米，米曲。
保存方法	放入带有密封拉链的保鲜袋内冷藏保存。

◉ 使用示例

作为甜味剂有很多用途，但是如果想要充分发挥出米曲风味的话，可以在法式奶冻、冰激凌等简单的甜品中使用，味道更容易直接传递，也可以在烤箱里直接烤干，做成瓦片饼。

米曲甜酒奶冻

米曲甜酒冰激凌

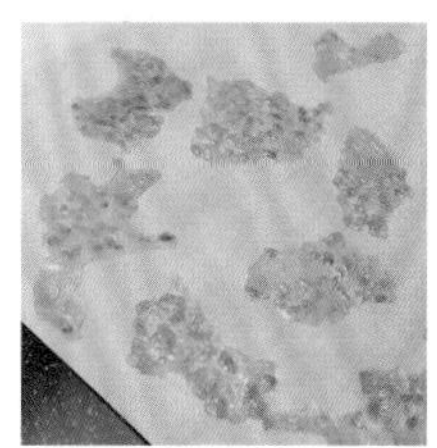

米曲甜酒瓦片饼

组成1

米曲甜酒奶冻

Blanc-manger à l'*Amazaké*

材料 5人份

A 米曲甜酒（2倍浓缩，无糖）……225克
牛奶……105克
细砂糖……30克
食盐……1克

板状明胶……4.5克

鲜奶油（乳脂含量35%）……95克

制作方法

1

将泡板状明胶用冰水泡软备用。

2

将A中的食材放入锅中混合后开火加热，煮至沸腾后移到盆里。

3

冷却至不烫手时加入挤干水分的明胶融化，将盆底放入冰水中边搅拌边冷却。

4

鲜奶油打发到六分发泡后加入**步骤3**的食材中，快速搅拌。最后用保鲜膜封住放入冰箱冷藏凝固。

组成2

米曲甜酒冰激凌

Crème glacée à l'*Amazaké*

材料 10人份

A 米曲甜酒（2倍浓缩，无糖）……250克
牛奶……160克
麦芽糖……30克
盐……0.5克

B 细砂糖……75克
稳定剂……4克

制作方法

1

将A中的食材放入锅中搅拌，加热至50摄氏度。加入混合好的B中的食材，煮至沸腾。

2

移入盆中，将盆底放入冰水中边搅拌边冷却，然后使用冰激凌机制作。

组成3

米曲甜酒瓦片饼

Tuiles à l'*Amazaké*

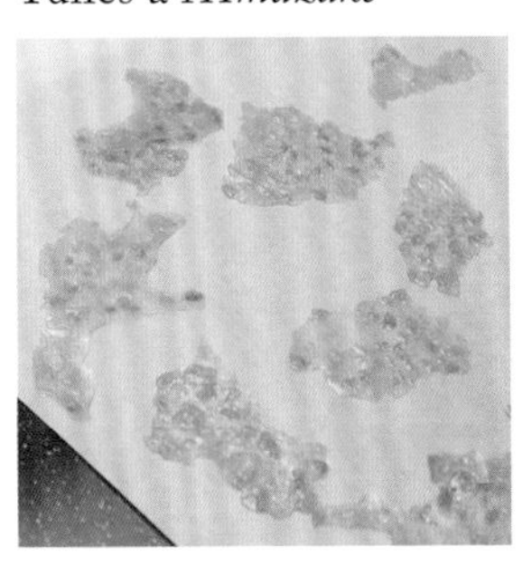

材料 8人份

米曲甜酒（2倍浓缩，无糖）……50克

海藻糖……25克

制作方法

1 在盆里放入米曲甜酒和海藻糖，用橡胶铲混合均匀。

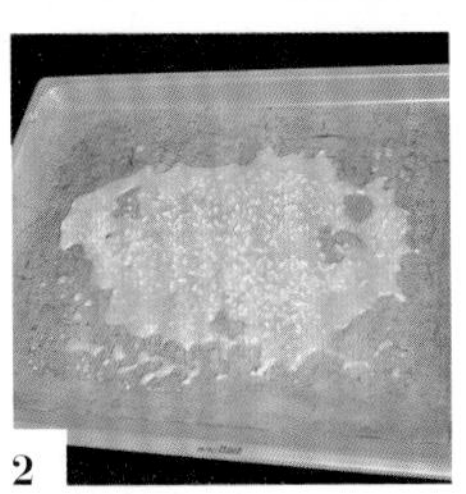

2 将**步骤1**的食材倒入铺有烘焙布的烤盘上，用抹刀薄薄地抹开（抹薄到比米粒还薄，不用在意中间断开的空洞）。

3 将**步骤2**的食材放入预热至100摄氏度的烤箱中烘烤3小时以上。烤至水分完全蒸发。

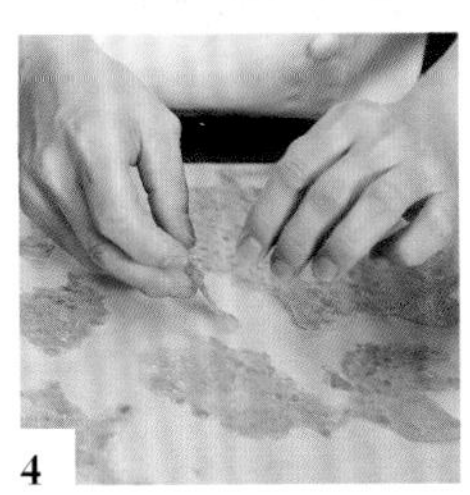

4 准备一张较大的烘焙用纸，将烘焙布朝上翻过来，放到烘焙纸上面，然后揭掉烘焙布，直接冷却，分割成长约5厘米的大小。

组成4

覆盆子沙司

Sauce de framboises

材料 6人份

覆盆子果泥……100克

糖浆（细砂糖和水按1:1的比例煮沸后冷却）……20克

制作方法

将覆盆子果泥和糖浆混合。

【组合、盛盘】

材料 盛盘点缀用

覆盆子……1人3个
银箔……一小撮

1

用大勺满满地挖2勺（约80克）的米曲甜酒奶冻，盛入盛盘用的容器里。

2

放入用汤匙挖成椭圆形的米曲甜酒冰激凌。

3

靠手前方淋上覆盆子沙司，然后用覆盆子装饰。

4

观察摆盘的协调性，撒上银箔。将米曲甜酒瓦片饼插入甜品中。

黑糖莎布雷配松脆饼

Sablés au *Kokuto* et croquants

产于日本南部的黑糖，是一种富含矿物质、风味浓郁的甜味剂。
为了不使味道单调，在香草冰激凌中加入了带有酸味的酸奶油，
最后撒上岩盐。薏仁米脆饼是从雷电中得到的启发。
莎布雷没有刻意成形，而是像松散的粉末状黑糖一样。

DATA

主要产地	冲绳县、鹿儿岛县（奄美地区）
保存方法	放入密封容器或密封袋，在阴暗处保存。黑糖也有变黑变质的时候，需尽早使用。

黑糖

Kokuto

Sucre de canne brun

黑糖（块）

将甘蔗榨汁熬制后凝固而成。由于未经精加工，所以残留了很多含有矿物质的糖蜜，有着焦糖般丰富的风味。在微波炉里加热几十秒后，用叉子等就能简单地切开（注意加热过度会溶化）。

黑糖（粉末）

将甘蔗榨汁熬成块后碾磨成粉末。在做甜点时，粉末状的比块状的更容易使用，必须要过筛后使用，也有加入粗黄糖和糖蜜等制作成的容易溶解的加工黑糖。

◉ 用于制作甜点时的要点

注意成品的颜色

可以搭配任何水果，但如果和黑糖一起烹饪，颜色就会变黑。将黑糖加工成冰激凌或莎布蕾后，然后再搭配到水果中。

结合香味

适合与薏仁米等炒过的食材和坚果类搭配。但是使用黑糖制成的焦糖，容易烧焦，变得像木炭一样，所以不适合制作焦糖坚果。

不要过度去掉灰分

煮开后会产生灰分（浮沫），如果过多地去掉灰分（浮沫），就会失去黑糖特有的风味，所以要适可而止。

◉ 使用示例

可以放入类似莎布蕾的烤点心或冰激凌中，也可以溶化后作为调味汁使用，还可以在甜品最后完成时撒上黑糖享受其风味。

黑糖莎布蕾

黑糖冰激凌

组成1

黑糖莎布蕾

Sablés au *Kokuto*

材料 容易制作的分量

黄油……40克

低筋粉……80克

A | 黑糖（粉末）……40克
  | 食盐……0.5克

制作方法

1

将黄油切成边长1厘米的骰子状，放入冷藏室冷藏备用。

2

将低筋粉过筛。把**A**中的食材用粗网眼的网筛过筛，一起放入盆中，用打蛋器稍微混合搅拌。

3

在**步骤2**中的食材中放入冷藏的黄油，用刮板一边切一边和粉类混合（译者注：切割混合的方法）。

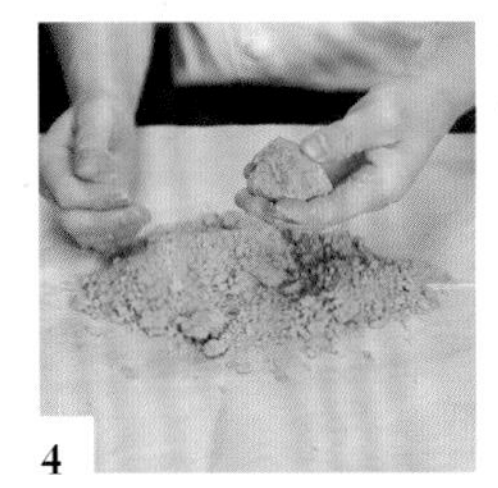

4

移到烘焙纸上，用手揉搓摩擦成细砂状，揉搓到没有黄油的结块。

5

将上述混合物在铺有烘焙布的烤盘上铺展开，放入预热至160摄氏度的烤箱大约烤制15分钟（中间烤至7分钟左右，将烤盘前后调转方向再烤）。

6

取出后冷却。用手大概掰碎，然后用汤匙等将其敲碎。

组成2

黑糖冰激凌

Crème glacée au *Kokuto*

材料 8人份

A | 牛奶……250克
  | 鲜奶油（乳脂含量35%）……50克

B | 蛋黄……70克
  | 黑糖……60克

制作方法

1

将**B**中的黑糖用粗网眼的筛子过筛备用。

2

将**A**中的食材放入锅中。加热至即将沸腾。

3

将**B**中的食材放入盆中用打蛋器搅拌，然后加入**步骤2**中的一半量的食材混合搅拌，再移回锅中一起搅拌加热到83摄氏度。

4

过滤到盆中，将盆底放入冰水中降温，完全冷却后使用冰激凌机制作。

组成3

香草雪芭

Sorbet à la vanille

材料 10人份

A | 牛奶……450克
  | 麦芽糖……60克
  | 香草荚……½根（剖开刮籽）

细砂糖……80克

稳定剂……3克

酸奶油……35克

制作方法

1. 将一部分细砂糖（¼的量）与稳定剂混合备用。
2. 将**A**中的食材和**步骤1**中剩余的细砂糖放入锅里加热，再放入**步骤1**的食材边搅拌边煮至沸腾。
3. 过滤到盆里，将盆底放入冰水中彻底降温冷却。
4. 将酸奶油加入，用手持料理器充分混合，使用冰激凌机制作。

组成4

黑糖薏仁米松脆饼

Croquants de larmes de Job au *Kokuto*

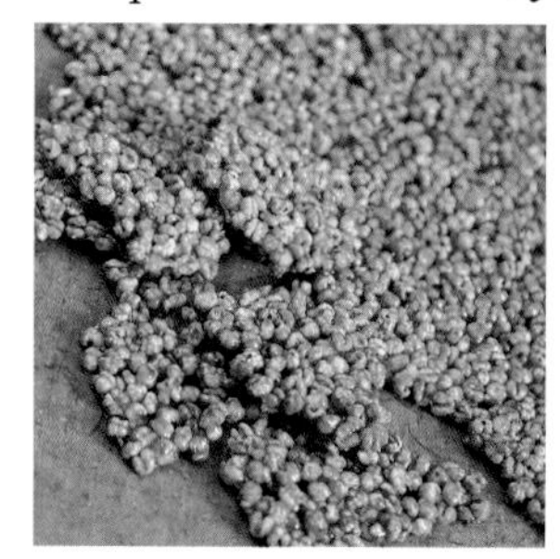

材料 8人份

薏仁米*（烤熟的颗粒）……100克

A | 黑糖……30克
  | 色拉油……32克
  | 食盐……1克
  | 蜂蜜……36克

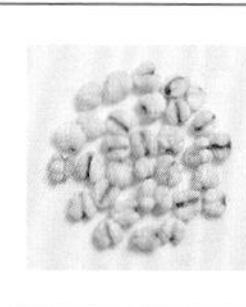

*** 薏仁米（烤熟的颗粒）**

去除薏仁的皮后烤熟的食材，像谷物燕麦一样可以直接食用。

制作方法

将薏仁米放入盆中备用。

将**A**中的食材放入锅中，用小火加热，用橡胶铲混合搅拌，将黑糖溶化到乳化状态。这里要注意的是火候的掌控，火力太强会熬干。

混合搅拌光滑后趁热放入**步骤1**的盆中，使薏仁米整体都裹上糖浆。

将其铺展在垫有烘焙布的烤盘上（按1颗薏仁米的厚度铺展开）。放入预热至160摄氏度的烤箱中烘烤约15分钟，烤至干燥为止。从烤盘上取下，直接冷却。

【组合、盛盘】

材料 完成加工用

黑糖（粉末）……适量

岩盐或盐田的大粒天日盐*……小撮

* 一种大颗粒的天然海盐，法语称为盐之花。

1

在盛盘用的盘子中（外边缘宽大中间深的盘子）盛放20克的黑糖莎布雷。在盘子外边缘的部分处用滤茶器撒上黑糖粉。

2

摆放上用汤匙挖成的橄榄形的黑糖冰激凌和香草雪芭。用切割稍大的2块黑糖薏仁米松脆饼做装饰。

3

在冰激凌的上面，撒上粗粒岩盐和切成小块的黑糖粒。

和三盆糖意式奶冻配教士拐杖

Panna cotta au *Wasanbon*, sacristains

[译者注：意式奶冻（Panna cotta）是一种源自意大利的点心。在意大利语中是“烹饪的奶油”的意思。教士拐杖（sacristains）是麻花状的千层酥。据说是教会的管理者为了让聚集在教会的女性们停止说话，用拐杖敲着教会的地板到处走动。]

在和三盆糖的意式奶冻上，重叠摆放带有酸味的李子法式果酱，
形成米色和红色的组合，搭配上教士拐杖，可以蘸着奶冻一起享用，
也可用意大利面包棒替代教士拐杖来享用。

和三盆糖

Wasanbon

Sucre de canne fin

DATA

原料	甘蔗（竹蔗）
主要产地	香川县、德岛县
保存方法	封上袋口，连同干燥剂一起放入密封容器中

其他

「和三盆糖」名称的由来

原本的名字叫“三盆糖”。关于这个名字的由来众说纷纭，但是有一种说法似乎很有道理，据说是以前为了让砂糖变得精白，研磨三次而得名。即使在现代，这种手法也被继承下来，需要花费时间和精力来制作。

和三盆糖

使用竹蔗，用传统的工艺制作而成的砂糖。粉末状的爽滑的口融感和悠深高雅而醇厚的风味是其特征，多用于高级的和果子。

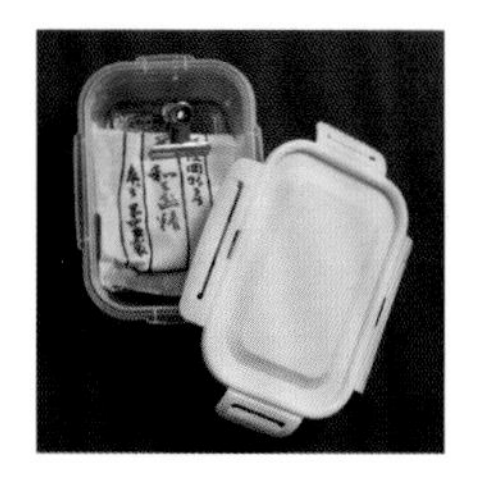

妥善保存

和三盆糖的颗粒细小，容易受潮，因此应妥善存放。封好包装袋口后，与干燥剂一起放入密封容器中保存。

◉ 用于制作甜点时的要点

利用细微的颗粒

和三盆糖是粉末状的，形状类似于糖粉，并且带有温和的黑糖风味。利用和三盆糖微小的颗粒，或摇晃着撒在甜品表层进行收尾加工，也可用于糖衣中。

考虑颜色的对比度

如果想要突出和三盆糖的味道，就要适当地加大使用量。甜品颜色也会变成浅棕色，所以先要考虑颜色的对比度，再决定搭配的食材。

◉ 使用示例

因为是甜味剂，所以和三盆糖可以用于任何食品。但是，希望它尽可能地运用在易于传达其独特而优雅风味的甜品中，比如给简单朴素的意式奶冻添加甜味，或在莎布雷收尾时撒上点缀等。

和三盆糖意式奶冻

李子法式果酱

和三盆糖教士拐杖

和三盆糖莎布雷

组成1

和三盆糖意式奶冻

Panna cotta au *Wasanbon*

材料　直径4厘米的圆柱形玻璃杯4个

板状明胶……3克

鲜奶油（乳脂含量35%）……250克

和三盆糖……50克

制作方法

1

将板状明胶放入冰水中泡软备用。

2

将鲜奶油及和三盆糖放入锅中，开火加热至45～50摄氏度。关火后放入挤干水分的板状明胶，搅拌融化。

3

过滤到盆中，将盆底放在冰水中，边搅拌边冷却至即将凝固前。操作这步时要注意的是，如果不充分冷却的话，在放入冰箱冷却时会出现鲜奶油分离的状态。

4

按等份分别倒入玻璃杯中，放入冰箱冷藏凝固。

组成2

和三盆糖李子法式果酱

Confiture de *Wasanbon*
au prunes japonaises

材料　6人份

李子……200克

和三盆糖……100克

NH果胶……6克

制作方法

1. 将李子带皮从正中间用小刀旋切再对半切开，取出果核。切成8块后再按宽1厘米切开。
2. 取和三盆糖$\frac{1}{5}$的量与NH果胶混合备用。
3. 将剩余的和三盆糖放入锅里加热，煮开后加入**步骤2**的食材混合，用中火煮至黏稠有光泽。
4. 将果酱移到盆里。将盆底放入冰水中冷却。

组成3

和三盆糖教士拐杖

Sacristains au *Wasanbon*

材料 20根

翻转千层酥皮（参照右栏5厘米×25厘米切成）……1张

蛋清……适量

和三盆糖……适量

杏仁碎……适量

制作方法

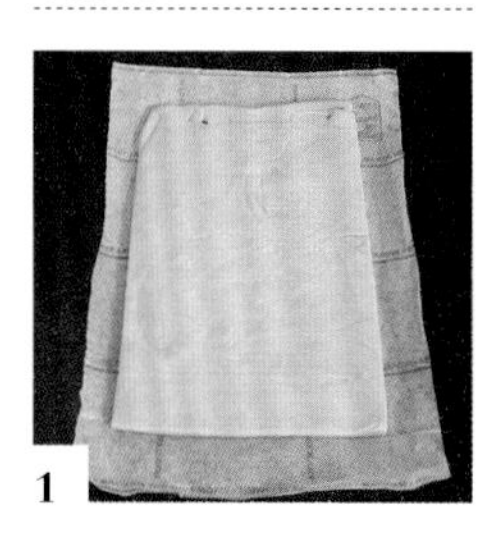

1

将翻转千层酥皮从冷藏室取出，放在烘焙布上。

2

在酥皮表面尽可能薄地涂一层蛋清。整体撒上杏仁碎，用茶漏撒上和三盆糖。轻轻地用手按压，使它们和面团相结合。

3

将面团上下翻转，手法同**步骤2**，薄薄地涂上蛋清，撒上杏仁粒与和三盆糖。用手按压，使它们与面团相黏合。

4

切成15厘米×1.5厘米的长方形。将每一根都拧成麻花状。

5

摆放在铺有烘焙布的烤盘上，放入预热至170摄氏度的烤箱里大约烤25分钟。取出后在烤盘上直接冷却。

翻转千层酥（油包面）

Feuilletage inversé

材料 容易制作的分量

A
- 黄油……225克
- 低筋粉……45克
- 高筋粉……45克

B
- 低筋粉……110克
- 高筋粉……100克
- 食盐……8克
- 融化黄油……68克
- 水……85克

制作方法

1. 将**A**中的食材放入搅拌机的专用盆里，用搅拌器搅拌。揉成团后取出整理成四边形，用保鲜膜包好放入冰箱冷藏醒发至少2小时。
2. 将**B**中的食材同样放入做点心专用的搅拌机里搅拌，整理成和制作好的**A**同样大小的四边形，用保鲜膜包好放入冰箱冷藏醒发至少2小时。
3. 用擀面棒将**A**面团按照**B**面团的2倍长纵向擀开。
4. 将**B**面团重叠放在**A**面团的上方，再把**A**面团的另一侧折叠，将边缘捏合，完全将**B**面团包裹。
5. 把**步骤4**的面团前后延伸做三层折叠，然后把面团90度旋转，再次延伸做四层折叠。用同样的方法，三层折叠，四层折叠各重复操作一次。
6. 将面团延伸成3毫米薄厚，用保鲜膜包好后，放入冰箱冷藏醒发2小时。

【组合、盛盘】

材料　盛盘点缀用

和三盆糖……适量

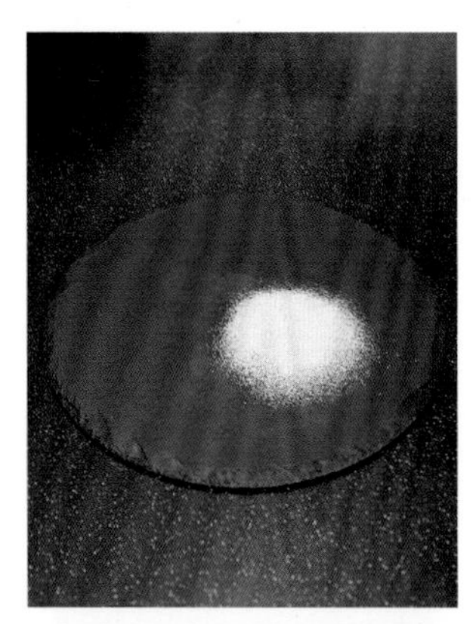

1

在盘子右侧，用茶漏将和三盆糖撒成圆形。

2

在已经冷冻凝固的意式奶冻玻璃杯中，加入约40克和三盆糖李子法式果酱，摆放在盘子的左上方。

3

在**步骤1**的上面，摆放2根和三盆糖教士拐杖。

♯4

米谷粉

Farine de riz

白玉丸子苹果可丽饼

Crêpe de *Shiratama* et pommes

加入白玉粉的黏糯可丽饼皮，诀窍是要充分烤至外层脆脆的状态。
作为配料之一的白玉丸子虽然味道清淡，
但是它的优点是，根据组合的不同也会转换成各种各样的变化，
将水果泥揉入面团中也是很有趣的。

白玉粉

白玉粉是将糯米吸收水分后研磨，用流水漂白后将沉淀物干燥而制成的，常使用于求肥*、糯米团子、樱花饼等。因为在寒冷的天气里，白玉粉会在水中浸泡10天左右，所以也有“冻米粉”的别称。

白玉粉

Shiratama

Farine de riz gluant

DATA

原料	糯米
保存方法	密封，放在没有阳光直射的地方保存

原料是糯米

因为是以糯米为原料，所以与以粳米为原料的上新粉相比，白玉粉口感更滑润，更有延伸感。

◉ 用于制作甜点时的要点

在未变硬之前使用

要注意的是用白玉粉、上新粉、糯米粉等制作的食品，如果面团里不放砂糖的话，第二天就会变硬。白玉丸子做好后，用冰水轻轻浸泡后保存，仅限当天使用。

用色彩来吸引人的做法

白玉丸子的味道比较清淡，只要改变一下加入的食材，就可以做各种各样的调整。也可以加入食红素等食用色素染上颜色，使其色彩艳丽。

◉ 使用示例

混合在面团里烤

混合在可丽饼或蛋糕卷面团里烤，会变成软糯的口感，也可以用于水果贝奈特饼（法式无孔甜甜圈）。

可丽饼皮

白玉丸子的西式搭配

制作和果子中常见的白玉丸子。将抹茶、咖啡、水果泥等揉入面团里也很有趣。

白玉丸子

*求肥是一种糯米外皮，雪媚娘的外皮就是求肥的一种。

组成1

可丽饼面糊

Pâte à crêpes au *Shiratama*

材料　直径18厘米的饼皮10张

白玉粉……50克

牛奶……250克

鸡蛋……50克

A | 低筋粉（过筛）……60克
  | 食盐……0.3克
  | 细砂糖……10克
  | 柠檬皮……½个
  | 香草荚……¼根（剖开刮籽）

融化的黄油……30克

黄油（烤时使用）……适量

制作方法

1

盆内放入白玉粉和¼牛奶，用橡胶铲紧挨盆边，将白玉粉的硬块按压捣碎，搅拌至柔滑状态。

2

将剩余的¾牛奶倒入耐热盆中，加热至人的肌肤温度，加入鸡蛋混合搅拌。

3

用另外的盆将**A**中的食材混合，加入少量的**步骤2**的食材，用打蛋器充分搅拌至小麦粉出现面筋后，将剩余的**步骤2**的食材一点点地加入搅拌。

4

接着加入**步骤1**的食材混合，最后加入融化的黄油，充分搅拌乳化。封上保鲜膜，放置冷藏室约1小时降温。

5

将少量黄油放入直径24厘米的平锅内，用小火融化，全面展开，用纸大体将黄油抹匀。用长柄勺子将面糊混合后*倒入70～80克，立刻将平锅倾斜旋转展开。

* 因为粉会沉淀在下面，必须混合后使用。

6

待边缘轻微烤上颜色后，翻面煎烤。剩下的面团也用同样的方法制作。

组成2

苹果梨子果酱

Marmelade pomme / poire japonaise

材料　6人份

苹果……140克

梨子……140克

柠檬汁……20克

香草荚……¼根（剖开刮籽）

肉桂粉……1克

A | 细砂糖……20克
  | NH果胶……2克

制作方法

1. 将苹果和梨子削皮去核，切成1厘米的小块。
2. 将**步骤1**中的水果丁、柠檬汁、香草荚和肉桂粉放入锅中，用橡胶铲不定时搅拌，煮至半透明状态。
3. 加入混合好的**A**中的食材，再次沸腾。关火放置冷却。

组成3

香草冰激凌
Crème glacée à la vanille

材料　容易制作的分量

A | 牛奶……240克
　| 鲜奶油（乳脂含量35%）……160克
　| 香草荚……½根（剖开刮籽）

蛋黄……120克
细砂糖……80克

制作方法

1. 锅中放入**A**中的食材搅拌，加热至即将沸腾。
2. 将蛋黄、细砂糖放入盆中用打蛋器混合，再加入**步骤1**中的食材搅拌均匀。
3. 将**步骤2**中的混合物移入锅中，用中火搅拌加热至83摄氏度。
4. 将混合物过滤到盆中。将盆底放入冰水中边搅拌边冷却，然后使用冰激凌机制作。

白玉丸子
Boules de *Shiratama*

材料　25个

白玉粉……100克

A | 原味无糖酸奶……40克
　| 水……50克

制作方法

1

将**A**中的食材充分混合备用。将白玉粉和¾量的**A**的食材放入盆里，用手揉匀。将剩下的**A**中的食材一点点地加入揉匀，调整到如我们的耳垂一样的软硬度。

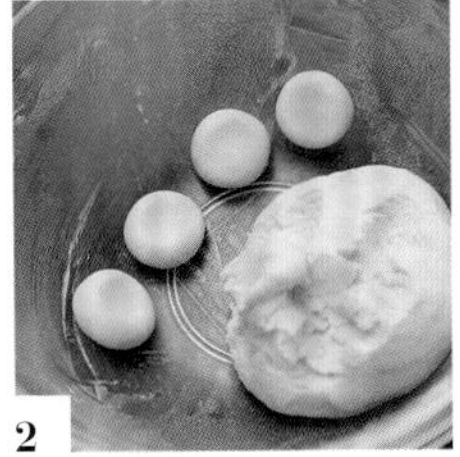
2

将**步骤1**中的面团分别揉成直径约2厘米大小的丸子，用手掌稍稍压成扁平状，使中间部分稍稍凹进去。

3

用沸水煮，待丸子漂浮上来后捞到冰水里。如果截至甜品完成时还有时间空当，在冰水的状态，将其放入冰箱冷藏保存。

组成4

焦糖白玉丸子和苹果

Shiratama et pommes caramélisés

材料 直径18厘米的可丽饼5张

白玉丸子（见第137页）……适量
苹果……1个
细砂糖……30克
柠檬汁……10克
朗姆酒……10克

制作方法

1

将苹果削皮去核，按照月牙形切成8～12等份。在平底锅里撒上砂糖，用中火加热溶化变成深焦糖色后加入苹果，使苹果裹上焦糖。

2

加入柠檬汁混合（需要苹果软一些的话，可加入适量的水轻微地熬煮）。加入白玉丸子和朗姆酒，用酒焰法烹制。

【组合、盛盘】

材料 盛盘点缀用

糖粉……适量
肉桂粉……适量

1

将可丽饼用平锅两面加热。将四边折向内侧做成正方形，摆放在盛盘用的盘子上。

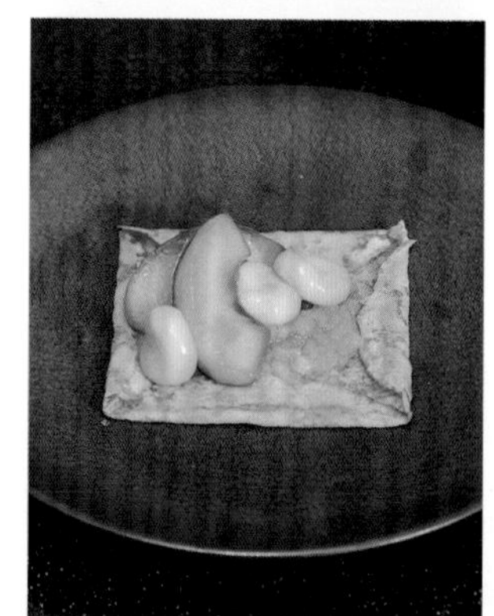

2

在可丽饼上大量地涂抹上苹果梨子果酱。留出部分空间后摆上焦糖白玉丸子和苹果。

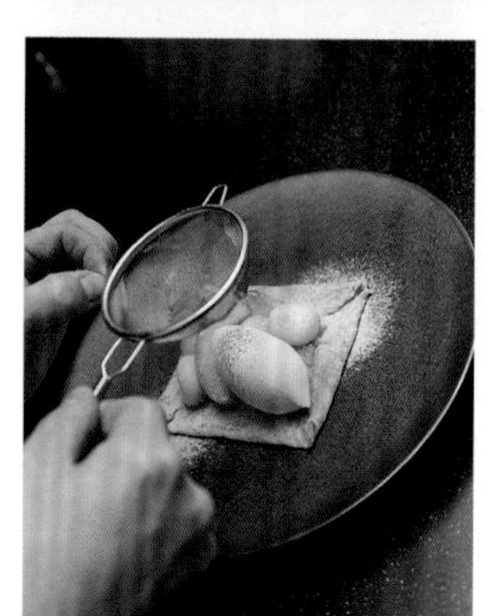

3

在**步骤2**留出的空间部位放上用汤匙挖成的橄榄形的香草冰激凌。在可丽饼的两个对角处撒上糖粉，在冰激凌的上面撒上肉桂粉。

道明寺粉啫喱吉事果

Gelée au *Domyoji* et ses churros

梦幻般的玻璃容器，道明寺粉在啫喱中荡漾，
灵感来自日式点心“道明寺羹”。
在吉事果面团中也混入了道明寺粉，
油炸之后，局部会有像炸年糕的口感，很是有趣。

道明寺粉

Domyoji
Riz gluant séché écrasé

道明寺粉

将浸泡后蒸熟的糯米再干燥，然后粗略地将其敲碎即道明寺粉。它发源于一千多年前大阪藤井寺市的道明寺制作的食品“道明寺”。

原料是糯米

因为道明寺粉原料是糯米，因此是糯弹的口感。

◉ 用于制作甜点时的要点

根据喜好选择颗粒的大小

道明寺粉的颗粒比较粗，有全颗粒、分切2粒（½分割）、分切3粒、分切4粒等。粗颗粒是黏糯的口感，细颗粒是丝滑的口感。根据个人喜好选择。

加水量和加热时间会改变柔软度

喜欢柔软口感的人，需添加水量和延长加热的时间。如果使用啫喱（见第141页）等时，因为它会随着时间吸收水分而变得稀软，所以要考虑做成的成品要稍微硬一些。

DATA

原料	糯米
保存方法	密封，放在没有阳光直射的地方保存

其他

道明寺樱花饼

关西的樱花饼使用的是道明寺粉。樱花饼是用染成粉色的道明寺粉包上豆馅的甜点。

◉ 使用示例

软化复原后使用

道明寺粉用水软化后，如果想直接使用的话，将道明寺粉和水一起用微波炉加热，或者用锅稍微煮一下，心部也会软化。

道明寺粉啫喱

用热水还原后加工

即使在蒸煮、煎炸时，也使用用热水还原过的道明寺粉，那么心部也不容易残留。

道明寺粉吉事果

炒米果

在平底锅里放入干燥的道明寺粉，用小火炒到变成茶色，就变成香味四溢的炒米果。

道明寺粉炒米果

直接煎炸

把干燥的道明寺粉用色拉油等油炸的话，就会变成白色的炸米果，也可用作面衣。

道明寺粉炸米果

组成1

道明寺粉啫喱

Gelée de *Domyoji*

材料 5～6人份

A 道明寺粉（分切2粒）……30克
水……50克

B 水……170毫升
柠檬汁……30克
细砂糖……85克

板状明胶……5克

制作方法

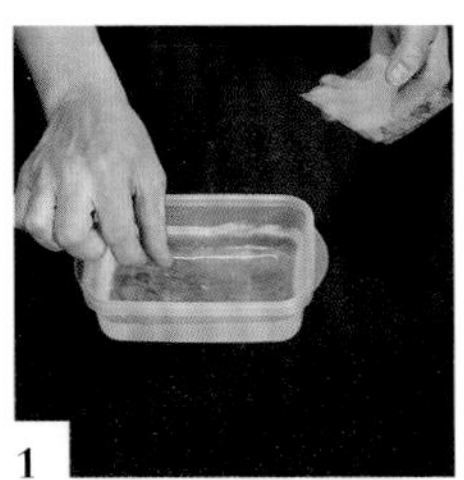

1 用冰水泡发板状明胶备用。

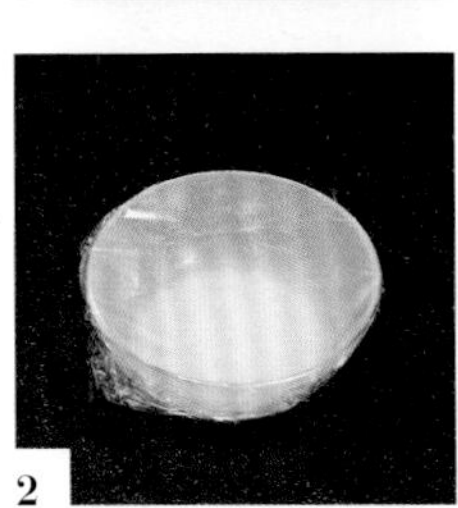

2 将**A**中的食材放入耐热容器中，用1000瓦的微波炉加热15秒。取出来用保鲜膜包好，静置焖蒸大约30分钟。

3 锅中加入**B**和**步骤2**中的食材加热，加入拧干水分的明胶混合溶解。

4 移到盆里，把盆底放入冰水中搅拌冷却。

组成2

道明寺粉吉事果

Churros au *Domyoji*

材料 15～18人份

A 道明寺粉（分切2粒）……30克
开水……60克

B 牛奶……65克
水……65克
黄油……50克
食盐……3克
细砂糖……3克

低筋粉……100克

鸡蛋……85克

C 细砂糖……适量
肉桂粉……适量

炸制用油（沙拉油）……适量

制作方法

1 将**A**中的食材放入耐热容器中30分钟，然后蒸煮，过筛，去除水分备用。

2

制作泡芙面团。将**B**中的食材放入锅中煮至沸腾关火。加入过筛的低筋粉，用橡胶铲混合搅拌。

3

再次打开中火，充分搅拌，使整体受热，去除生粉的味道。

4

将**步骤3**中的食材移入盆中，分次加入打散的鸡蛋，每加一次需混合均匀后再加下一次，最后加入**步骤1**中的道明寺粉。

5

将**C**中的细砂糖和肉桂粉混合后铺在托盘上。

6

将**步骤4**中的食材装入配有星形挤花嘴的裱花袋里，按容易食用的长度挤入加热至180摄氏度的炸制用油中，断口处用厨房专用剪刀剪断。炸至黄棕色捞起。

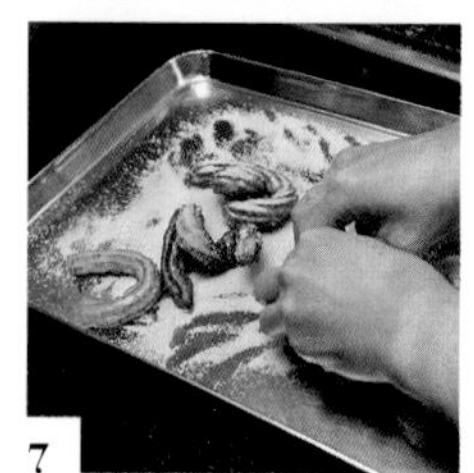

7

将吉事果沥油，放入**步骤5**的托盘中，撒上调配好的肉桂糖粉。

组成3

草莓果酱

Marmelade de fraises

材料 6人份

草莓……200克

肉桂……1根

柠檬汁……10克

A | 细砂糖……20克
NH果胶……4克

制作方法

1. 将草莓根部硬的部分切取掉，四等分。混合**A**中的食材备用。
2. 锅里放入草莓、肉桂、柠檬汁，时不时搅拌，将草莓煮至软烂。
3. 边加**A**中的食材边混合，煮至沸腾。静置冷却。

组成4

香草雪芭

Sorbet à la vanille

材料 15～16人份

A 牛奶……450克
鲜奶油（乳脂含量35%）……50克
麦芽糖……60克
香草荚……½根（剖开刮籽）

B 细砂糖……30克
脱脂奶粉……20克
稳定剂……2克

炼乳……80克

制作方法

1. 将A中的食材放入锅中加热，加入混合好的B中的食材，加热至85摄氏度。
2. 将**步骤1**中的食材过滤到盆里，加入炼乳搅拌混合。
3. 将盆底放入冰水中边搅拌边冷却，使用冰激凌机制作。

【组合、盛盘】

材料 盛盘点缀用

草莓……1人3个

1

将草莓去除根蒂，取一半量的草莓对半切开，剩余的草莓四等分切开。用大勺挖取40克香草雪芭，整理成圆形，放入玻璃杯中，上边放上30克草莓果酱。

2

再放入40克道明寺粉啫喱，摆放切好的草莓。

3

在盛盘用的盘子上，摆放**步骤2**的成品和道明寺粉吉事果。

上新粉脆片配巧克力花生

Chips de *Joshinko*, chocolat et cacahouètes

用米谷粉之一的上新粉制成的脆片是主角。
这款甜品是从法国里昂地区的油炸点心“葡萄”中得到的启发。
因为是没有气孔的面团，因此只要薄薄地延展开就能轻松地完成。
脆片像瓦片饼一样有着独特、有趣的口感。

使用的日本食材

上新粉
Joshinko
Farine de riz

DATA

原料	粳米
保存方法	密封，放置阴凉处保存。因为没有经过加热的米粉容易生虫，不宜长期保存，需尽快使用。

上新粉

上新粉是生粳米经过抛光、洗涤、干燥和粉碎的过程制成的米粉。其特征是弹力强，黏性弱，易嚼，用来做丸子、米糕、寿甘*、米饼等，另外也有比上新粉颗粒更细的商用粉。

原料是粳米

上新粉的原料是在日本经常作为主食的粳米。与糯米相比，它的味道清淡。

◉ 用于制作甜点时的要点

以无麸质的特点去宣传

因为上新粉是米面粉，所以没有麸质。以此作为宣传要点，去思考甜点的构成。

用米面粉做的食物通过掺和来调节口感

上新粉作为小麦粉的替代品，可以用于任何食物。由于它是米面粉，因此面团会变成黏糯且没有气孔的状态。如果想要质感更轻、更软的话，也可以混合面粉或玉米淀粉使用。

丸子需当日内使用

用上新粉做的丸子，第二天就会变硬，所以做好后当日内使用。

◉ 使用示例

当作面粉使用

掺入杰诺瓦兹（海绵蛋糕）、上新粉脆片（见第146页）、莎布蕾、面包等中使用。

上新粉脆片

改版米粉丸子

上新粉中最经典的丸子是在面团里掺入可可粉、抹茶、花生酱、磨碎的柑橘皮等。和上新粉一起用开水蒸制，约蒸15分钟，用擀面杖用力捣出弹性并揉成团。如果在面团中加入砂糖，即使花费很长时间也很难揉捏成团。

改版米粉丸子

*寿甘是日本的传统点心，用上新粉制成。

组成1

上新粉脆片

Chips de *Joshinko*

材料 15～16人份

A | 上新粉……100克
食盐……2克
细砂糖……10克
鸡蛋……56克
研磨的柠檬皮末……¼个柠檬
研磨的柳橙皮末……¼个柳橙

黄油……14克

炸制用油……适量

制作方法

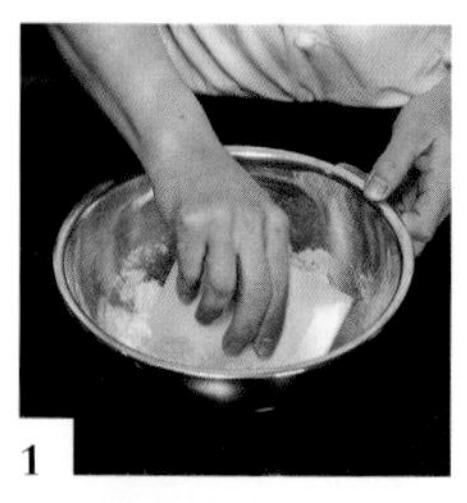

1

将黄油恢复常温备用。将**A**中的食材全部放入盆中，用刮板混合。

2

将**步骤1**的混合物用手揉制，然后加入黄油揉制。。

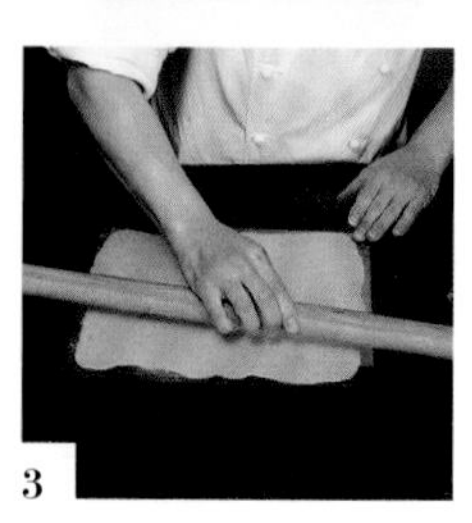

3

用两张30厘米×50厘米的OPP塑料膜将**步骤2**的面团夹入中间，用擀面棒擀成1毫米厚。揭掉表层的OPP塑料膜，放置15分钟左右，使表皮干燥（以面团宜操作状态为准）。

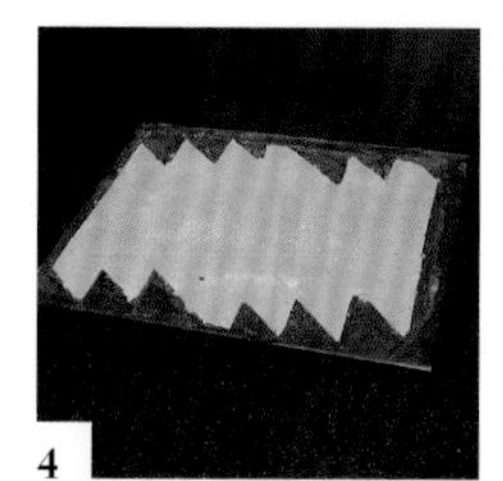

4

揭掉背面的OPP塑料膜，切成长5厘米的菱形。

5

将油加热至180摄氏度，将上新粉脆片炸至黄棕色。

组成2

巧克力雪芭

Sorbet au chocolat

材料 13人份

黑巧克力……115克

可可块……110克

牛奶……500克

麦芽糖……60克

A | 细砂糖……60克
稳定剂……2克

制作方法

1. 将**A**中的食材混合备用。
2. 将切碎的黑巧克力和可可块放入盆中备用。
3. 将牛奶和麦芽糖放入锅中混合加热，然后加入**A**中的食材混合并加热至沸腾。趁热加入**步骤2**中的食材，用手持搅拌器进行混合乳化。
4. 将盆底置入冰水中搅拌冷却。用冰激凌机操作。

组成3

巧克力花生松脆饼

Croquant chocolat / cacahouètes

材料 6人份

A | 黑巧克力……16克
  | 牛奶巧克力……16克
  | 花生帕林内（参照右栏）……20克

薄脆片……60克

花生……30克

糖渍柳橙干（可用市场销售品）……30克

制作方法

1. 将A中的食材放入盆中，隔水加热融化。加入剩下的薄脆片，将切碎的花生和糖渍柳橙干充分搅拌均匀。
2. 倒入铺有OPP薄膜的托盘上，粗略地铺展开。放入冰箱冷藏凝固。

组成4

尚蒂伊奶油花生

Chantilly cacahouètes

材料 6人份

鲜奶油（乳脂含量35%）……100克

花生帕林内（参照右栏）……36克

制作方法

1. 将鲜奶油打发至六分发泡，加入花生帕林内混合。

花生帕林内

Praliné cacahouètes

材料 容易制作的分量

花生……100克

A | 水……20克
  | 细砂糖……60克

制作方法

1. 将A中的食材放入锅中用中火加热，煮至120摄氏度。
2. 关火，加入花生，用橡胶铲快速地不断搅拌，使花生周身包裹上白色的砂糖（结晶化）。使锅底也沾有砂糖的白色结晶，搅拌至花生粒粒分散开。
3. 再次用中火加热，一直搅拌到砂糖溶化并变成茶色的焦糖。
4. 将**步骤3**的食材摊开在烘焙布上，使之冷却。
5. 倒入研磨机或食物加工机中，搅拌成光滑的糊状。

组成5

巧克力沙司

Sauce au chocolat

材料 18人份

黑巧克力（可可脂70%）……70克

花生酱（无颗粒状）……20克

A | 牛奶……120克
  | 细砂糖……12克

酸奶油……15克

制作方法

1. 将黑巧克力和花生酱放入盆里，加入煮沸的**A**中的食材，搅拌均匀。
2. 加入酸奶油，用手持搅拌机搅拌均匀。
3. 将盆底置入冰水中，使之冷却。

【组合、盛盘】

材料 盛盘点缀用

糖粉……适量

1

将15克左右的小块巧克力沙司铺在盘子上。将约25克的巧克力花生松脆饼掰碎，放在上面。

2

将巧克力雪芭和尚蒂伊奶油花生用汤匙挖成橄榄形，摆在**步骤1**的盘子上。

3

插上3片上新粉脆片，撒上糖粉。

#5

植物粉

Gélifiants naturels

蕨根饼橘子拼盘

Disque de *Warabimochi* et mandarines

把抠成圆形的蕨根饼像汉堡一样叠放在一起。
多汁的橘子和黏糯的蕨根饼是绝佳的组合。
我很喜欢这款甜品活泼生动的色彩。

原料是蕨菜的根

蕨菜是生长在春天的野菜，用蕨根为原料制成的粉被称为“纯蕨根粉”。从根部提取淀粉，经过干燥加工后制成。

蕨根粉

Warabi

Tubercule de fougère en poudre

DATA

原料	蕨根等淀粉
主要产地	纯蕨根粉来自南九州、奈良县、岐阜县飞騨市
保存方法	密封，放在阴凉处保存。易霉变，需要尽早使用。

蕨根粉

蕨根粉原本是指从蕨根中提取的淀粉，现在因为稀少而价格昂贵，所以大多数蕨根粉混合掺加了红薯或木薯淀粉。无论是哪种，都需要经过水的溶解并加热后变成黏稠状态。

◉ 用于制作甜点时的要点

纯蕨根饼必须在几小时内食用

因纯蕨根饼软糯的口感在常温下只能维持1小时左右，所以只能提供刚做好的（但是，配合混合了其他淀粉等的蕨根饼可保留较长时间）。

充分发挥软糯，弹牙的口感

蕨根粉的弹性很强，所以要突显出它的口感特性。另外,纯蕨根粉的占比量较多的蕨菜饼，它的颜色呈灰褐色,所以要利用颜色进行甜品设计。

◉ 使用示例

熬煮蕨根饼

这是最传统的蕨根粉的使用方法。将蕨根粉加水溶解，边加热边熬煮，当呈现黏糊糊的状态时，蕨根饼就做成了。虽然也有透明的蕨根饼，但如果使用纯蕨根粉，成品会变成灰褐色，可蘸黄豆粉食用。

▼

蕨根饼

和粉类混合做饼干

把蕨根粉用研磨机打碎成粉末状，和低筋粉混合，做成莎布蕾或饼干，会呈现出软糯的独特口感。

▼

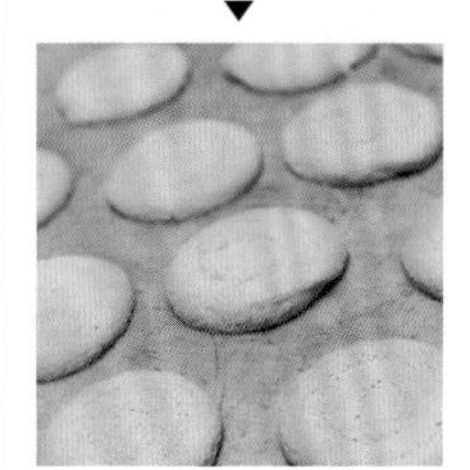

蕨根粉饼干

组成1

蕨根饼

Warabimochi

材料 6～8人份

蕨根粉……50克

细砂糖……20克

水……120克

A | 柠檬汁……20克
麦芽糖……50克
研磨的柠檬皮末……¼个柠檬

制作方法

1

将蕨根粉、细砂糖、水加入锅中，搅拌均匀。

2

将**A**中的食材放入耐热容器中搅拌，将麦芽糖放入微波炉中加热至40摄氏度溶化。之后加入到**步骤1**的食材中搅拌。

3

准备两张长30厘米左右的OPP薄膜，工作台上用喷雾器喷洒酒精，将其中一张紧紧贴在上面。

4

将**步骤2**中的食材用中火熬煮。不间断地用橡胶铲搅拌加热，当搅成团并有韧性时，需继续搅拌2～3分钟，直到面团呈现明亮的光泽。

5

将**步骤4**的食材取出，放在**步骤3**的OPP薄膜上，取另一张OPP薄膜夹紧，用擀面棒擀成2毫米～3毫米的厚度。放在托盘上放入冷藏室，冷却1小时。

6

将刮板蘸水，一点点地将蕨根饼从OPP薄膜上剥落下来。用同“糖渍橘子”（见第153页）相同直径的慕斯圈抠取备用。

组成2

蕨根粉饼干

Biscuits à la cuillère au *Warabi*

材料 12～15人份

蕨根粉……40克

低筋粉……36克

蛋清……100克

细砂糖……60克

蛋黄……56克

制作方法

1

将蕨根粉用研磨机磨成粉末状，与低筋面粉混合过筛备用。

2

将蛋清倒入盆中，用手持搅拌机轻轻搅拌。加入细砂糖，做成尾端呈坚挺状的干性发泡蛋白霜。按照蛋黄、**步骤1**的食材顺序加入，尽量不要损坏泡沫状态，用橡胶铲搅拌。

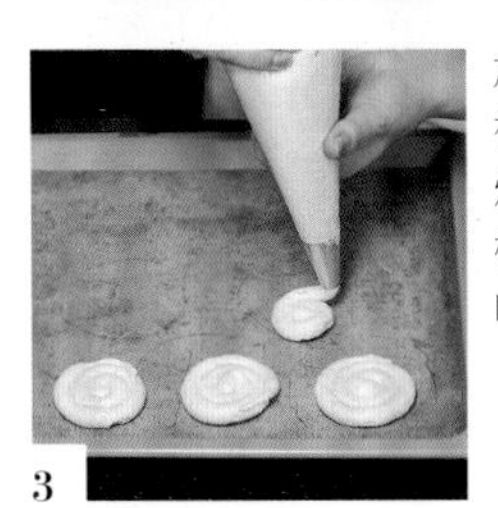
3

放入带10毫米圆口挤花嘴的裱花袋内，在铺有烘焙布的烤盘上，旋转挤成比“糖渍橘子”（右栏）的橘子直径略小的圆形。

4

放入预热至170摄氏度的烤箱中烤20分钟左右。取出冷却。

组成3

橘子果酱

Marmelade de mandarines

材料　12～15人份

温州橘子……净重250克

香草荚……¼根（剖开刮籽）

柠檬汁……50克

A　细砂糖……12克

　　NH果胶……5克

制作方法

1. 将橘子清洗干净，连皮切碎。将**A**中的食材混合备用。
2. 将橘子、香草荚和柠檬汁放入锅中搅拌，煮至沸腾。
3. 将**A**中的食材加入锅中，先取出香草荚壳，用手持搅拌机搅拌，搅拌后将香草荚壳放回，再次煮至沸腾。

组成4

糖渍橘子

Mandarines pochées

材料　12人份

温州橘子……4个

A　水……300克

　　细砂糖……60克

　　柠檬汁……20克

　　芫荽籽（圆粒）……4克

制作方法

1. 将橘子削皮，按1厘米左右的厚度切成片，并排摆放在耐热容器里备用。
2. 将**A**中的食材放入锅中煮至沸腾，制作成糖浆，趁热倒入**步骤1**的食材中。冷却后，为避免空气的侵入，用保鲜膜封上，放入冰箱冷藏一晚。

组成5

香草冰激凌

Crème glacée à la vanille

材料 15人份

A | 牛奶……240克
鲜奶油（乳脂含量35%）……160克
香草荚……½根（剖开刮籽）

蛋黄……120克

细砂糖……80克

制作方法

1. 将**A**中的食材放入锅中，加热至即将沸腾。
2. 将蛋黄、细砂糖放入盆中充分搅拌混合，再加入**步骤1**的食材混合搅拌。然后移入锅中整体混合搅拌，加热至83摄氏度。
3. 将**步骤2**的食材过滤到盆里，盆底放入冰水中搅拌冷却。再使用冰激凌机制作。
4. 冰激凌做好后，放入铺有保鲜膜的托盘上，按1厘米的厚度铺开。放入冷冻室冷冻凝固。用与“糖渍橘子”（见第153页）相同直径的慕斯圈抠出圆形后，再次放入冰箱里冷冻。

【组合、盛盘】

材料 盛盘点缀用

银箔……适量

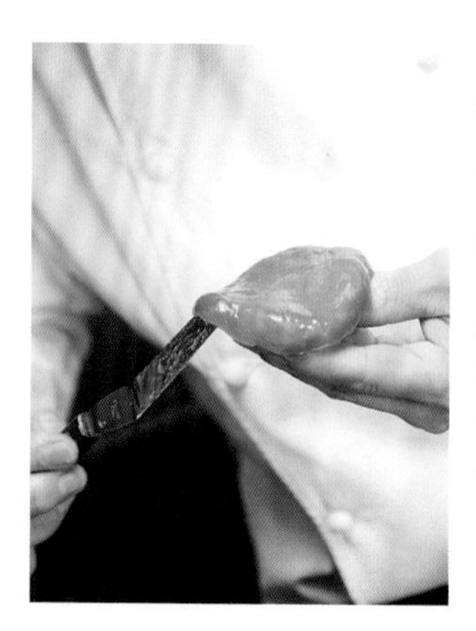

1

将糖渍橘子放在厨房用纸上吸干水分。在上面放上蕨根饼，拽住蕨根饼的边缘拉抻到将橘子的边侧，将蕨根饼包裹住糖渍橘子。暂时放在托盘上备用。

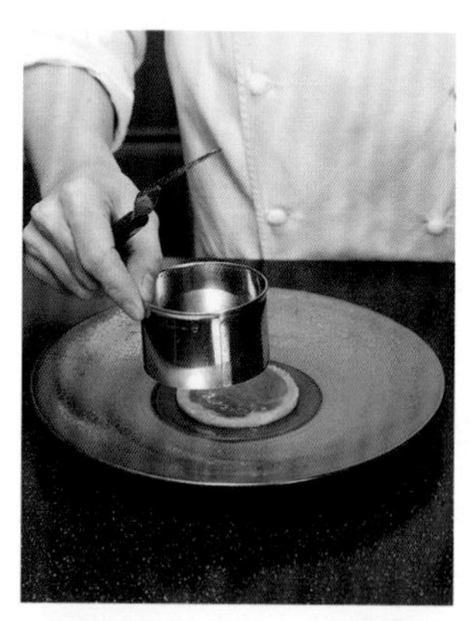

2

在盘子里放上比“糖渍橘子”（见第153页）稍大的慕斯圈，在里面铺上15克的糖渍橘子。在上面放上1片蕨根饼，取下慕斯圈。

3

将蕨根粉饼干上下翻转（平的一面朝上）重叠放在**步骤2**的食材上。放上香草冰激凌。

4

在**步骤3**的食材上重叠摆放**步骤1**的食材，用银箔装饰。撒上糖渍橘子中的芫荽籽。

百香果葛粉条
配葛粉帕林内法式布丁

Gelée de *Kuzu* au fruit de la passion, flan au *Kuzu* et praliné noisette

葛是挂川的特产之一，长期以来一直是人们熟悉的食材。
经典的葛根粉条，加入了热带水果的果泥做成了西式料理。
将葛粉用于烤制点心，做出了和法式布丁相似的有嚼劲口感的烤点心。

葛粉

Kuzu

Racine de Kudzu en poudre

DATA	
原料	葛根
主要产地	奈良县（吉野葛）、宫城县（白石葛）、静冈县（挂川葛）、三重县（伊势葛）
保存方法	密封，放在阳光直晒不到的地方保存。尽早使用

葛粉

葛粉是葛根中含有的淀粉经过水漂白，再干燥而成的粉，使用于葛粉条、葛根糕、勾芡、葛汤、葛根汤。市场上除了全用葛根做的纯葛粉，也有混合掺杂土豆和红薯淀粉的葛粉。

注意！

食用现做的

葛粉条和葛糕的软糯口感只能维持1～2小时，时间一久就会变白且浑浊，口感变差，因此要吃现做的。

现做的

放置几小时的

原料是葛根

葛是豆科蔓性多年生草本植物，是秋季七草之一。葛粉是提取葛根中含有的淀粉制作而成。

◉ 用于制作甜点时的要点

将果汁加入葛粉条中

葛粉条是无色透明的，在溶解葛粉的时候加入果汁，可以调整颜色和香味，但是酵素和酸味太强的食材会使葛粉不易凝固，需要注意。

发挥软糯的口感

因为葛粉几乎没有什么味道，它的特色是它软糯的口感，所以要搭配合适的食材。

◉ 使用示例

葛粉条和葛糕

将葛粉用水溶解后煮沸后冷却切开即是葛粉条，加热熬煮后冷却不切开的是葛糕。

葛粉条

混合在面粉里烤制

把葛粉用研磨机磨成粉末，加在面糊里烤制的话会有嚼劲。

增加酱汁的黏稠度

同马铃薯淀粉一样，将用水溶解的葛粉加入液体中，通过加热，使液体变得黏稠。

葛粉帕林内法式布丁

组成1

百香果葛粉条

Gelée de *Kuzu* au fruit de la passion

材料 8人份

葛粉……75克

A
- 水……110克
- 杧果果泥……25克
- 百香果果泥……50克
- 青柠果汁……4克
- 细砂糖……45克

制作方法

1

将**A**中的食材放入锅中开火，搅拌加热至人体肌肤的温度。

2

将葛粉放入盆中，加入**步骤1**中的食材，充分搅拌混合，然后进行过滤。

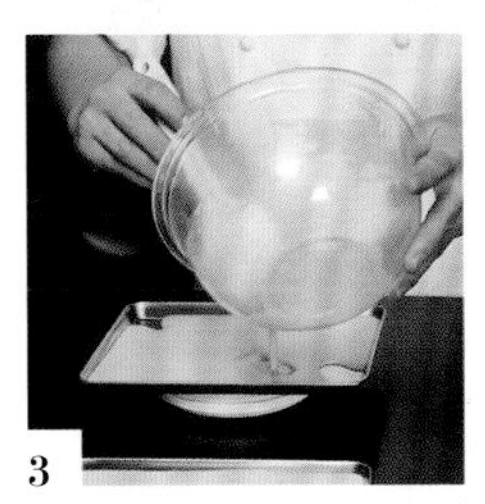

3

将**步骤2**的食材按2厘米的厚度倒入能放入平底锅的托盘内。因为葛粉会沉淀，需要立刻开始隔水熬煮。

4

将平底锅里的水用中火烧开。用夹子等夹住托盘，让托盘浮在水面上。过3～4分钟凝固后，连托盘一起沉入热水中，将葛粉煮至透明。

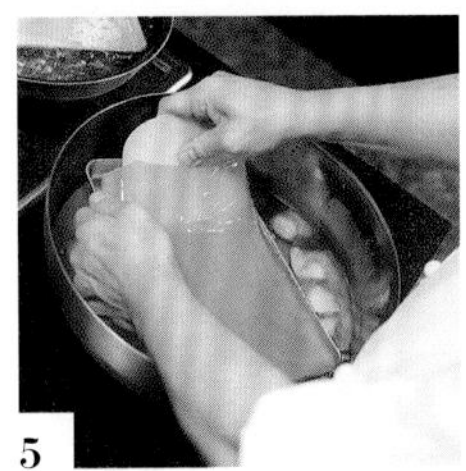

5

用大盆准备冰水，将**步骤4**的食材连同托盘一起取出放入冰水中。冷却后用刮板将葛粉条剥下。

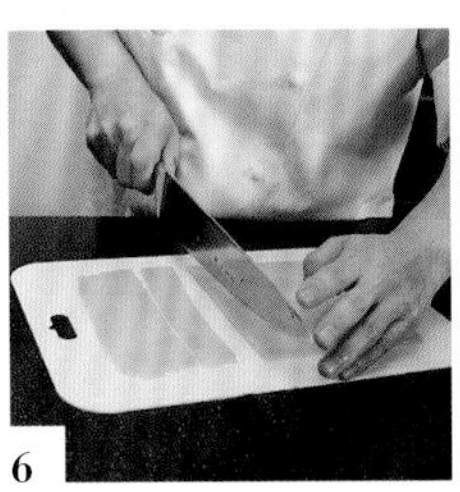

6

将葛粉条切成1厘米宽，放入冰水中保存。

组成2

葛粉帕林内弗朗

Flan au *Kuzu* et praliné noisette

材料 （直径6厘米，高2厘米的圆形12连硅胶模具）

葛粉……60克

A
- 牛奶……140克
- 水……140克
- 细砂糖……70克
- 榛子酱……90克
- 牛奶巧克力……54克

糖粉……适量

制作方法

1

将**A**中的食材放入锅中开小火，混合加热至40摄氏度。关火，加入葛粉，用手持搅拌机搅拌。

2

再次开小火，用橡胶铲混合。开始凝固时立刻关火移走，搅拌至光滑无小颗粒的状态。

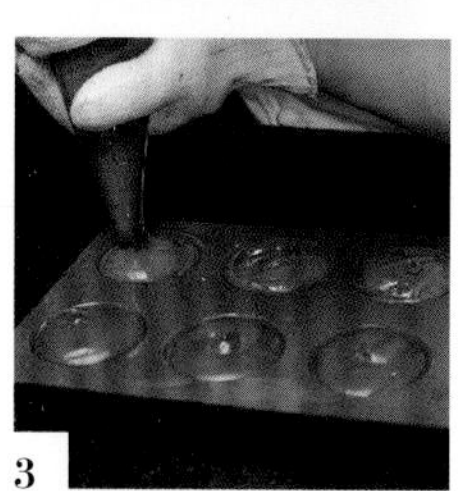

3

将**步骤2**中的食材放入裱花袋中，挤入硅胶模具里，盖上保鲜膜。将表面抹平，静置冷却。

4

用刮刀将溢出模具的面糊刮平，再次盖上保鲜膜后翻转，脱模。

5

利用盛盘加工的时间开始烤制。将**步骤4**中的食材放在铺有烘焙布的烤盘上，放入预热至180摄氏度的烤炉烤20～25分钟。取出后撒上糖粉。

组成3

牛奶巧克力冰激凌

Crème glacée chocolat au lait

材料　15人份

A | 牛奶……400克
  | 鲜奶油（乳脂含量35%）……100克

蛋黄……90克

细砂糖……70克

帕林内……50克

牛奶巧克力……100克

制作方法

1. 将**A**中的食材放入锅中搅拌，加热至即将沸腾。
2. 将蛋黄、细砂糖放入盆里搅拌，再加入**步骤1**中的食材搅拌均匀，然后再次移入锅中一起搅拌加热至83摄氏度。
3. 将**步骤2**中的食材移入盆中，趁热加入帕林内和牛奶巧克力，用手持搅拌机充分搅拌。
4. 将盆底放入冰水中边搅拌边冷却。然后用冰激凌机制作。

组成4

百香果杧果沙司

Sauce passion / mangue

材料　16人份

百香果果泥……100克
杧果果泥……50克
水……40克
细砂糖……80克
粗磨黑胡椒……2克

制作方法

将材料全部放入锅中煮至沸腾。移入盆中，把盆底放入冰水中，边搅拌边冷却。

组成5

焦糖坚果

Fruits secs caramélisés

材料　容易制作的分量

A　带皮美国大杏仁（烘烤过*1）……75克
　　去皮榛子（烘烤过*2）……75克
B　水……17克
　　细砂糖……50克

＊　＊1＊2都是用预热至160摄氏度的烤箱烤20分钟的食材。

制作方法

1. 将B中的食材放入锅中熬煮至120摄氏度。
2. 关火，将A中的食材加入，用橡胶铲迅速混合。使坚果被白色的砂糖裹住（结晶化）。
3. 锅底也沾有白色的结晶，搅拌至坚果粒粒分散开。再次打开中火，继续搅拌至砂糖溶化成茶色的焦糖。
4. 将**步骤3**中的食材放于烘焙布上，铺开冷却。

【组合、盛盘】

材料　盛盘点缀用

银箔……适量

1
取少量的焦糖坚果，用刀背轻轻压碎。取少许坚果碎摆放在盘子中部。

2
准备小型的玻璃杯，放入百香果葛粉条，再淋上百香果杧果沙司。用银箔点缀，摆在盘子的左内侧。

3
将牛奶巧克力冰激凌用汤匙挖成橄榄形，放在**步骤1**的食材上面。盘子的靠右前侧摆上刚烤出来的弗朗，弗朗上面摆放焦糖坚果。

寒天

Kanten

Agar-agar

DATA

原料	石花科、江蓠科
主要产地	长野县诹访地区、京都府
保存方法	在室温下存放，避免阳光直射和高温、高湿

寒天棒

寒天棒别名角寒天，是长野县诹访地区的特产。将天草和江蓠煮化后的液体，通过凝固、冻结、干燥而制成的。用水浸泡30分钟～1小时，恢复到边角变软的状态，撕成小块，然后放入锅中煮至透明状即可。寒天棒含有丰富的膳食纤维，并且几乎不含卡路里。

◉使用示例

用于凉粉、米糕、羊羹等。如梦幻般的口感是有魅力的夏日日式点心。淡雪羹是在蛋清中加入寒天液制成的甜品。

红豆淡雪羹

寒天粉

将煮出来的天草液凝固，干燥并加工成粉末状即是寒天粉。因为它不需要经过用水恢复柔软的工序，溶于水后可立即使用，所以近年来很受大家的欢迎。

寒天丝

制作方法和棒寒天相同，不同的是先将其凝固并拉成细长的丝后再冷冻、干燥加工而成。寒天丝主要是使用天草制作，比棒寒天更不容易融化，但是，它具有很强的弹性和嚼劲，成品是透明的。

◉ 用于制作甜点时的要点

用于制作健康甜点

寒天的特点是清脆的独特口感，属于口感轻盈的凝固剂，适合制作健康的甜点。

不要添加任何因加热而变质的食材

寒天需要经过浸泡柔软再煮沸才能溶化。因此，想往寒天里放食材的时候，要避免加热使风味和颜色会消退的食材。

融化后快速工作

融化了的寒天，在一定的温度（40～50摄氏度）下就能凝固。因此在常温下就会凝固，所以需要注意，加热添加的食材和迅速放入模具中等。

#6

茶

Thé

煎茶卷配法式冰沙

Rouleaux au *Sencha* et son granité

最能传递煎茶味道的方法是品尝茶叶的全部。
在茶的故乡——挂川，当看到把茶叶做成天妇罗和香松拌饭料时，
这也成了我灵感的源泉。
以主要食材煎茶、柑橘类、巧克力的苦味为共同点，构思此食谱。

煎茶

Sencha
Thé vert

DATA

原料	茶树的叶子
主要产地	静冈县、鹿儿岛县、三重县、宫崎县、京都府、福冈县、埼玉县
保存方法	放置阴暗处常温保存。香气容易消失，需注意。

煎茶

煎茶是将生茶叶通过蒸、揉、干燥后无发酵型的茶叶，是在日本最常见的茶叶。其中，也有耗费通常2倍时间蒸出的“深蒸煎茶”（左图），用它制出来茶的味道和颜色都很浓。

茶粉

能灵活运用在甜点的是用研磨机磨成粉末状的茶粉。使用前将其在热水中蒸熟，带出煎茶的味道和香气后再使用。

◉ 使用示例

奶油或法式冰沙等多种多样的用途

煎茶的茶叶做成粉末状蒸熟后，可以搭配奶油，也可以搭配清爽的煎茶冰沙，还可以搭配橄榄油做成糊状沙司，可以有多种多样的使用方法。

煎茶奶油

煎茶法式冰沙

煎茶糊沙司

◉ 用于制作甜点时的要点

选择产地和品牌

茶的产地和品牌有很多，苦味、甜味、香味、颜色等特征也各不相同，根据想要的甜点的味道来选择。一般来说，深蒸型的茶味道更好。

同柑橘类、草莓、日式的食材相配

和煎茶味道相搭配的食材，例如柑橘类和草莓，除此之外，还可以搭配红豆、黄豆粉等日式食材。

通过粉碎和蒸煮增加风味

煎茶最初就是通过蒸来享受香气的。首先，用研磨机粉碎，然后用水蒸，这样的步骤会让煎茶的味道和香味更加浓郁。茶叶可以根据自己的喜好过滤。

组成1

煎茶卷

Rouleaux au *Sencha*

1. 玉米薄饼

Pâte filo

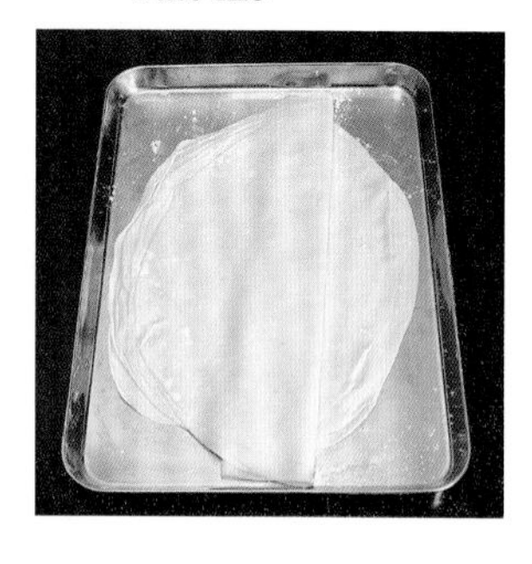

材料 容易制作的分量

A
- 低筋粉……175克
- 高筋粉……175克
- 玉米粉……50克
- 泡打粉……4克
- 食盐……5克

B
- 水……90克
- 牛奶……90克

融化黄油……110克

（手粉）玉米粉……适量

制作方法

1

选用钩状搅拌器，将过筛的**A**中的食材、用微波炉加热至肌肤温度的**B**中的食材、融化黄油放入搅拌盆内，用低速搅拌。

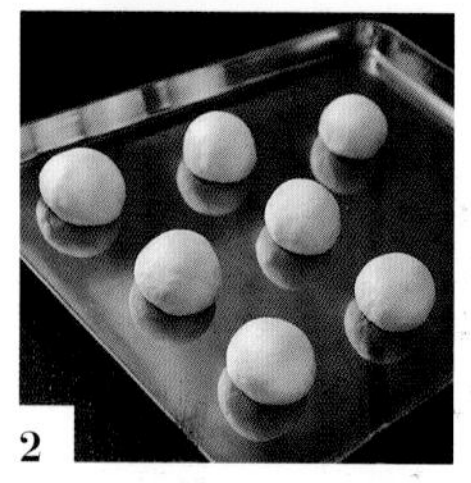

2

搅拌至面团柔软有光泽取出，每个按25克分割揉圆。

3

用玉米粉做手粉，尽可能地用擀面棒擀成薄的圆形面皮。放在冷藏室醒发10～15分钟。

4

取出再次撒玉米粉，擀成直径10厘米的圆形。

5

将7张圆面皮重叠，用擀面棒从上至下擀成直径20厘米的圆形。面皮重叠起来擀的话容易擀得很薄。

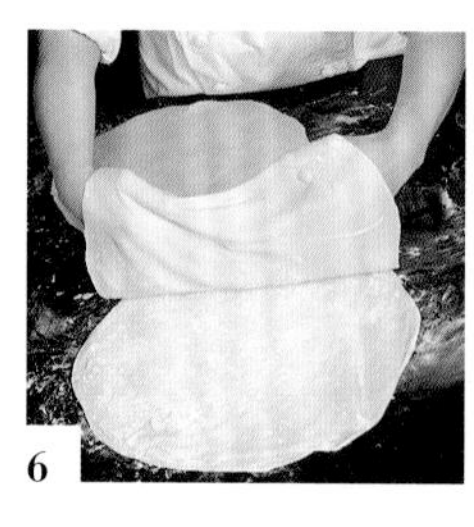

6

将面皮一张张地揭开，面皮之间撒玉米粉然后重叠摆放。

*也可用保鲜膜包住面皮，放入冰箱冷藏保存。

2. 煎茶奶油
Crème *Sencha*

材料 8人份

煎茶茶叶……8克
热水（60摄氏度）……20克
奶油芝士……200克

制作方法

1

将煎茶茶叶用研磨机粉碎成粉末状。将茶粉和加热到60摄氏度的热水一起放入耐热容器里，静置热泡5分钟。

2

在耐热盆里放入奶油芝士，用微波炉轻微加热，用橡胶铲揉搓变软。加入**步骤1**中的食材混合搅拌。

3. 柑橘类水果果酱
Marmelade d'agrumes

材料 容易制作的分量

柑橘类水果（除西柚以外的柑橘类水果）……净重500克（约2个）
柠檬汁……10克
香草荚……¼根（剖开刮籽）
A | 细砂糖……50克
  | NH果胶……5克

* 西柚有较强的苦味，和煎茶的苦味结合会太过于强烈，因此推荐搭配其他柑橘类水果。

制作方法

1. 将柑橘类水果上下切开，焯2次热水。去除根蒂后连皮切碎，称量克重。
2. 将**步骤1**中的食材、柠檬汁、香草荚放入锅中，开火加热至沸腾。暂且从火上取下，取出香草荚，加入混合好的**A**中的混合物，用手持搅拌机搅拌。
3. 将香草荚放回，开火再次煮至沸腾。关火冷却。

4. 完成
Finition

材料

黑巧克力（可可含量70%）……1块，只用10克
炸制用油（沙拉油）……适量

制作方法

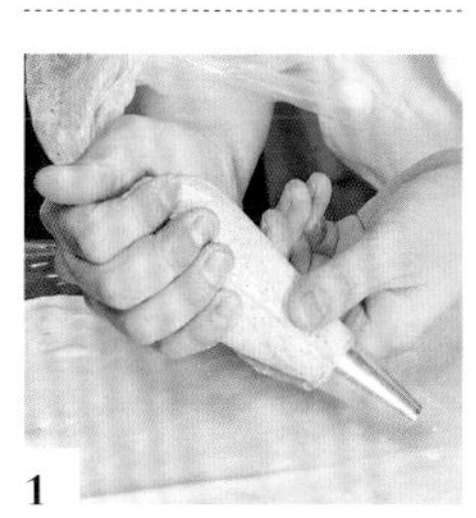

1

将黑巧克力粗略切碎。准备2个裱花袋，在一个配有11毫米挤花嘴的裱花袋内装入煎茶奶油。另一个裱花袋装入柑橘类水果果酱，尖角处剪小口备用。

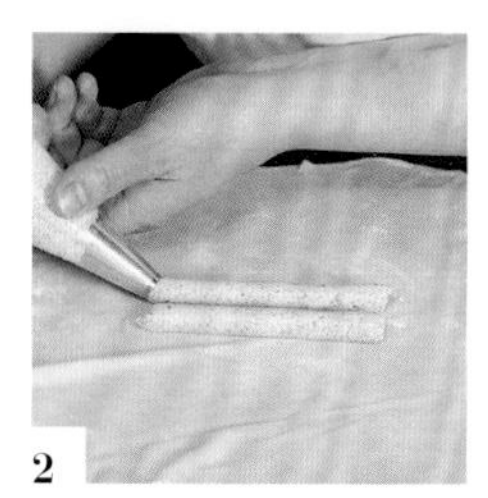

2

铺开玉米薄饼，在中央偏手前的部位，将煎茶奶油横向挤7厘米长，中间间隔1厘米宽，挤2条。

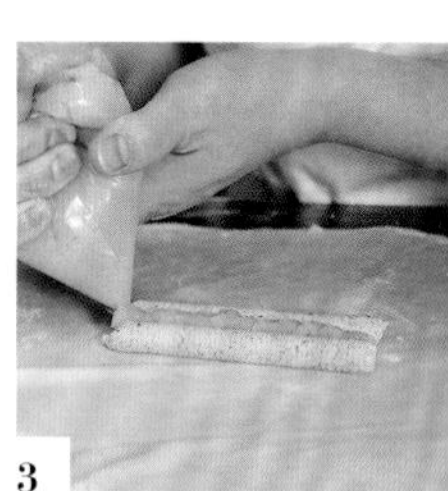

3

在奶油之间挤入柑橘类水果果酱。

4

在**步骤3**的食材上面放上切碎的巧克力。

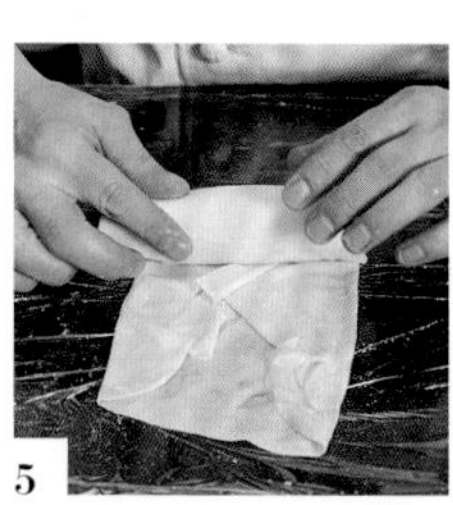

5

将玉米薄饼左右两边向中央折叠，从手前方往上卷，卷到尽头，蘸水封口。

6

平底锅倒入1厘米深的炸制用油，加热至180摄氏度，将**步骤5**中的食材炸至焦脆。

组成2

糖煮柑橘类水果

Agrumes confits

材料　容易制作的分量

柑橘类水果（除西柚以外的柑橘类水果）……4个

A｜水……200克
　｜细砂糖……100克

制作方法

1. 将柑橘类水果从上至下连皮切开，焯2～3次热水。
2. 将**A**中的食材放入大锅里煮沸，加入**步骤1**中的食材。再次煮沸腾后调为极小火，约煮1小时，将柑橘类水果煮透为止。
3. 保持原样，常温冷却。

组成3

煎茶法式冰沙

Granité au *Sencha*

材料　6人份

煎茶茶叶……12克

板状明胶……3克

A
- 水……300克
- 细砂糖……50克

制作方法

1. 将板状明胶用冰水泡软备用。用研磨器将煎茶茶叶粉碎成粉末状。
2. 将**A**中的食材放入锅中煮至沸腾再冷却到70摄氏度。加入**步骤1**中的茶粉和挤干水分的板明胶，盖上锅盖，焖蒸茶叶的同时也融化明胶。
3. 将**步骤2**中的食材用粗眼过滤网过滤到盆中，将盆底放入冰水中边搅拌边冷却，然后放入冰箱冷冻。快要凝固时用叉子混合搅拌。再次放入冰箱冷冻。反复操作多次，制成冰沙状。

组成4

煎茶糊沙司

Pesto au *Sencha*

材料　4人份

煎茶茶叶……20克

热水（60摄氏度）……50克

A
- 椰蓉……90克
- 柠檬汁……15克
- 食盐……1克
- 橄榄油……150克
- 细砂糖……15克
- 碎冰粒……50克

制作方法

1

将煎茶茶叶用研磨器粉碎成粉末状，与60摄氏度的热水一起放入耐热容器里，焖蒸5分钟。将容器的底部放入冰水中冷却。

2

将**步骤1**和**A**中的食材放入搅拌器内，搅拌成糊状。

【组合、盛盘】

材料 盛盘点缀用

煎茶（研磨成粉状的）……适量

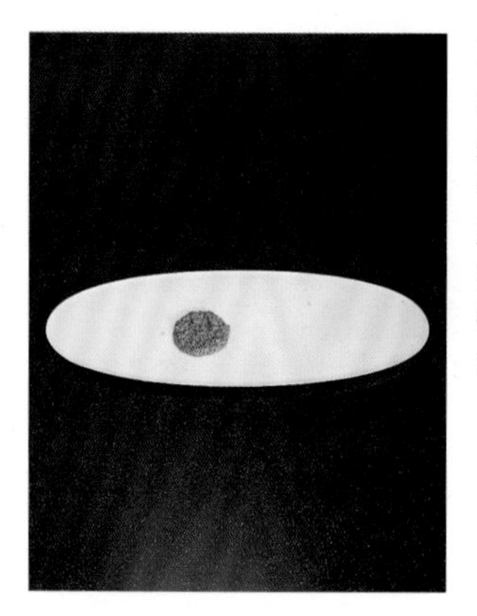

1

先过滤掉糖煮柑橘类的糖浆，然后将柑橘类水果切成1厘米大小的块备用。在盛盘用的盘子上，摆放上15克的圆形煎茶糊沙司。

2

将煎茶卷对半斜切开，摆放在煎茶糊沙司上。

3

取适量**步骤1**中的糖煮柑橘类水果，混合于煎茶法式冰沙中，然后盛入小型的玻璃杯中，摆放在**步骤2**的食材侧面。

4

用磨成粉状的煎茶在盘内画一条斜线。

抹茶舒芙蕾配冰激凌

Soufflé au *Matcha* et sa crème glacée

抹茶口味的法国经典甜点舒芙蕾与冰激凌的冷热对比不仅经典，还很美味。
微苦的抹茶配上风味浓郁的热带水果酸辣酱非常美味。
抹茶加热后风味会消失，所以最后完成时也要轻轻地撒上抹茶。

抹茶

Matcha

Thé vert moulu

DATA

原料	茶树的叶子
主要产地	京都府、爱知县、静冈县、奈良县
保存方法	冷冻保存

抹茶

将避开日光培育的茶叶“天茶”蒸熟后，不经揉搓干燥而成。除去叶脉后，用石臼磨成抹茶。

◉ 冰激凌和沙司的保存方法

抹茶容易氧化，所以尽量不要接触空气。冰激凌和沙司等要用保鲜膜紧贴表面保存。

◉ 用于制作甜点时的要点

选择适合用于制作甜点的品牌

抹茶根据产地和品牌的不同，风味也有差异。使用前需要确认，该抹茶是否将茶的甘甜、香气、微苦等抹茶的魅力有所体现后再使用。

高温加热，风味会丧失

需要注意的是，抹茶在高温下加热，风味会丧失。如果混合到面团里加热的时候，最后完成时也可以撒上抹茶，以增强风味。

想办法防止结块

抹茶颗粒很细，所以很容易结块，可以提前与其他粉末混合，或将液体一点一点地加入抹茶中，使其溶解来防止结块。

◉ 使用示例

混合面糊/面团

混合在舒芙蕾和海绵蛋糕（戚风面糊）、莎布蕾等面糊/面团内，增添抹茶的香味。

抹茶舒芙蕾

做成沙司

抹茶用糖浆分次，一点点地加入溶解，做成抹茶沙司。

抹茶沙司

抹茶味冰激凌

抹茶冰激凌虽说有各种各样的市场销售品类，但是自己制作的魅力是，可以根据自己的喜好选择品牌，也可以调整糖度。

抹茶冰激凌

组成1

抹茶冰激凌

Crème glacée au *Matcha*

材料　6人份

抹茶……10克

A｜牛乳……250克
　｜鲜奶油（乳脂含量35%）……55克
　｜麦芽糖……20克

B｜细砂糖……35克
　｜稳定剂……1克

发酵奶油*……16克

* 鲜奶油加入乳酸菌再经过轻微熟成，呈糊状。

制作方法

1

将抹茶过筛到盆里。将**B**中的食材混合备用。

2

将**A**中的食材放入锅中加热至肌肤温度。加入**B**中的食材煮至沸腾。将其分次倒入放有抹茶的盆里。用打蛋器搅拌混合。

3

将发酵奶油加入**步骤2**的食材中，用手持搅拌机充分搅拌。

4

过滤，盆底置入冰水中冷却。使用冰激凌机制作。

组成2

酸甜酱

Chutney

材料　10人份

杧果……净重120克

香蕉……净重120克

提子……30克

细砂糖……24克

苹果醋……36克

香草荚……¼根（剖开刮籽）

制作方法

1. 将香蕉和杧果剥皮，去除杧果核，将它们都切成1.5厘米大小的块。
2. 将**步骤1**的水果和其他全部材料放入锅中，用小火熬煮干水分为止。

组成3

抹茶舒芙蕾

Soufflé au *Matcha*

材料 直径7厘米，高7.2厘米（容量120毫升）的耐热玻璃容器10个

蛋黄……90克

A 抹茶……14克
 玉米粉……25克
 细砂糖……15克

牛奶……300克

蛋清……250克

细砂糖……45克

酸甜酱（见第171页）……全部

耐热容器用

 黄油……适量
 细砂糖……适量

制作方法

1

给耐热玻璃容器的内侧薄薄地涂抹上恢复至常温的黄油。内部撒上细砂糖。多余的细砂糖备用。

2

将**A**中的食材混合过筛备用。

3

将蛋黄、过筛后的**A**食材倒入盆中，用打蛋器搅拌均匀。

4

在锅中加热牛奶至沸腾，分2～3次加入**步骤3**的盆中搅拌均匀。

5

将**步骤4**的食材过滤回锅中，用中火加热。避免糊锅，用橡胶铲不断搅拌熬煮，煮到面糊凝固后关火，呈黏稠的状态。

6

将**步骤5**的食材倒入大盆中，静置冷却到50摄氏度左右。

7

在**步骤1**的耐热容器中放入30克的酸甜酱，避免沾到容器周边，用筷子夹住水果放入。

8

将蛋清用手持搅拌机轻轻打起泡沫，分2～3次边打发边加入细砂糖，打发至奶油前端直立的干性发泡状态。

9

在**步骤6**的盆中加入¼量的**步骤8**中的食材，每次加入都要用打蛋器快速混合，最后用橡胶铲快速混合。

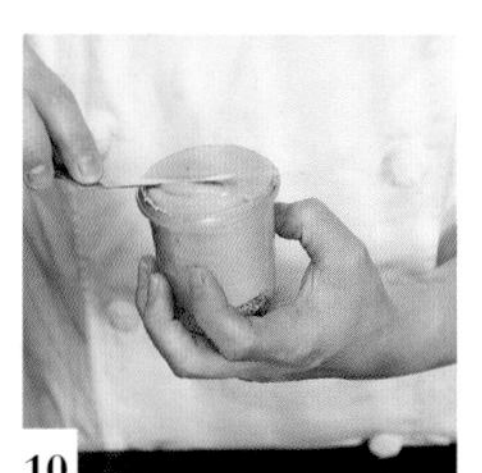

10

将**步骤9**的舒芙蕾面糊放入裱花袋内，为了避免泡沫破裂，将裱花袋剪大口，挤满耐热容器至杯沿。中心部分稍微隆起一些，用小抹刀平整表面。

11

为了让舒芙蕾能笔直地“站”起来，用拇指沿着耐热容器的边缘绕一圈，在内侧做出凹槽。

12

将**步骤11**的食材放入预热至180摄氏度的烤箱烤11分钟。

【组合、盛盘】

材料　盛盘点缀用

抹茶……适量

1

在盘子上盛放一小团酸甜酱，然后在上面摆上用汤匙挖成的橄榄形的抹茶冰激凌。

2

舒芙蕾烤好后用茶漏撒上抹茶，装盘。

焙茶焦糖布丁配梨子雪芭

Crème brûlée au *Hojicha*, sorbet aux poires japonaises

芳香且涩味少的焙茶与甜食相得益彰，是适宜用于甜品的茶之一。
搭配焦糖布丁，焦糖的焦香让甜品香味倍增。
考虑到如同享受筷歇（译者注：转换口味的小菜）给予的愉悦，本甜品添加了法式蛋卷。

焙茶

Hojicha

Thé vert torréfié

DATA

原料	茶树的叶子
保存方法	尽可能真空密封，常温保存。

焙茶

用大火将煎茶或番茶（过度生长的叶子）烘焙制成的褐色茶。其特点是咖啡因和苦味较少，味道芳香。

◉使用示例

将茶叶放入牛奶或鲜奶油等液体中，经过蒸制提取焙茶的风味。

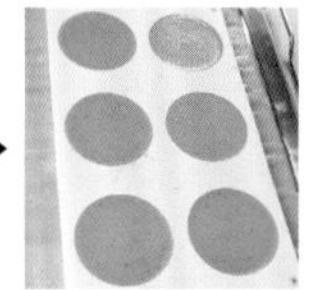

焙茶焦糖布丁

◉ 用于制作甜点时的要点

以“焦香”为特点考虑口味的匹配

焙茶的特征是它的香味，所以利用焦香比较容易制作产品。焙茶与焦糖、焦糖布丁等也很匹配。

可以从红茶中探索

焙茶的味道与红茶相近，所以首先弄清红茶具有什么样的香气，就很容易找出味道的兼容性，适合搭配桃子、杧果、柑橘类、菠萝和梨。

【组合、盛盘】

◉使用示例

将茶叶用研磨机粉碎、过筛后，直接放入法式蛋糕、莎布雷、吉诺瓦兹（海绵面糊）等中。粉末状的茶叶市场上也有售。

焙茶法式蛋卷

组成1

焙茶焦糖布丁

Crème brûlée au *Hojicha*

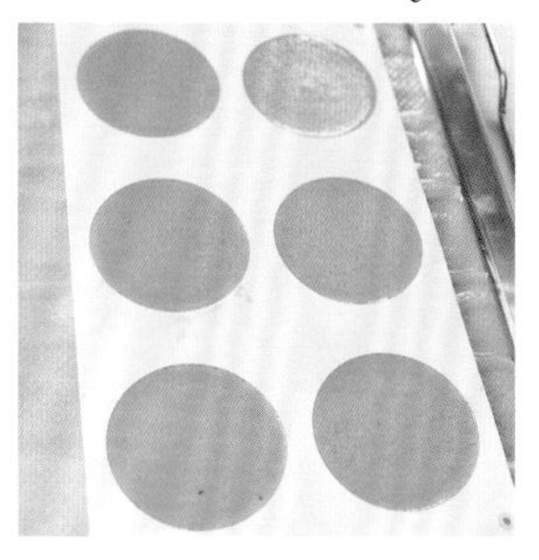

材料　直径7厘米，高1厘米的薄的圆形硅胶模具15个

A
- 鲜奶油（乳脂含量35%）……300克
- 牛奶……100克
- 焙茶……10克

B
- 蛋黄……72克
- 粗黄糖……50克

制作方法

1

将**A**中的食材放入锅中混合，加热到沸腾关火。盖上锅盖，焖蒸大约10分钟。

2

将**B**中的食材放入盆中，用打蛋器充分混合，将**步骤1**中的食材加入并混合搅拌。

3

将**步骤2**中的食材用万能过滤器过滤，过滤出的茶叶用橡胶铲挤压，提取茶叶的精华。如果有泡沫（灰分）的话，表面用厨房用纸覆盖吸取。

4

在比烤盘小一圈的托盘上铺一张烘焙布，在上面放上硅胶模具，将**步骤3**中的食材倒入模具中。

5

给托盘中注入大约能将烘焙布完全浸泡的温水，然后放入烤盘内。

6

放入预热至140摄氏度的烤箱内蒸烤13～14分钟，晃动烤盘确认，如果中央部分没有晃动就是已烤好。原封不动拿出冷却，然后连同硅胶模具一起放入冷冻室内彻底冷冻至凝固。

组成2

焙茶法式蛋卷

Cigarettes au *Hojicha*

材料　5人份

- 焙茶茶粉（用研磨机磨碎、过筛的茶粉）……5克
- 低筋粉……45克
- 黄油……50克
- 糖粉……50克
- 蛋清……50克

制作方法

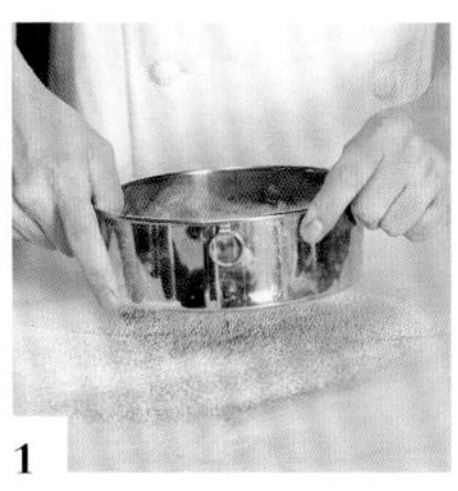
1

将焙茶粉和低筋粉混合过筛备用。

2

将恢复常温的黄油、糖粉放入盆中，用打蛋器搅拌均匀。一点点加入蛋清搅拌，然后加入**步骤1**的食材中混合搅拌。

3

放入带有直径10厘米裱花嘴的裱花袋里。在铺有烘焙布的烤盘上，挤出若干个直径3厘米的半圆形。

4

挤好后，多次敲打烤盘底部，使面糊扩展到直径为4～5厘米大小。

5

用预热至160摄氏度的烤箱烤10～15分钟。

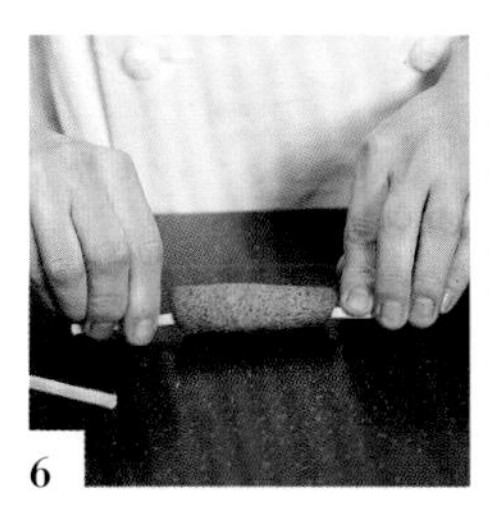
6

从烤炉取出，趁热卷成细卷，中间插入长筷，卷完后按住长筷，在工作台压实定形。然后冷却。如果蛋卷冷却不容易卷时，可用烤炉轻微加热。

组成3

梨子雪芭

Sorbet aux poires japonaises

材料 8人份

梨……300克

麦芽糖……20克

A | 细砂糖……30克

  | 稳定剂……3克

酸奶油……20克

柠檬汁……12克

制作方法

1. 将梨削皮去核（籽和硬的部分），用手持搅拌机打碎成果泥状。
2. 用锅将**步骤1**的一半量的食材和麦芽糖混合加热，加入混合好的**A**中的食材，煮至沸腾。
3. 移到盆中，盆底浸入冰水降温冷却。加入剩余一半量的**步骤1**中的食材、酸奶油和柠檬汁搅拌，然后使用冰激凌机制作。

组成4

焦糖梨

Poires japonaises caramélisées

材料 15人份

梨……200克

细砂糖……20克

柠檬汁……8克

香草荚……¼根（剖开刮籽）

制作方法

1. 将梨削皮去核（籽和硬的部分），切成5毫米大小的小块。
2. 将细砂糖放入平底锅里，用中火加热至焦糖色。放入**步骤1**中的食材、柠檬汁、香草荚，搅拌，使全部裹上焦糖。
3. 焦糖溶解后，关火冷却。

【组合、盛盘】

材料 盛盘点缀用

细砂糖……适量

焙茶茶粉（用研磨机磨碎过筛的茶粉）……适量

1

将焙茶焦糖布丁从模具中取出，放入盘子中央。在布丁表面轻微地撒上细砂糖（要除去撒落在盘子上的细砂糖），用喷枪炙烤出焦糖壳。

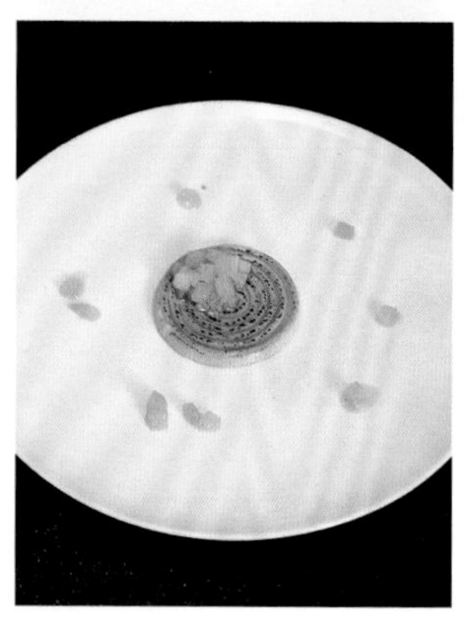

2

在焦糖布丁的表面，放上去除汤汁约10克的焦糖梨。同时在盘子的周围分散地撒上焦糖梨。

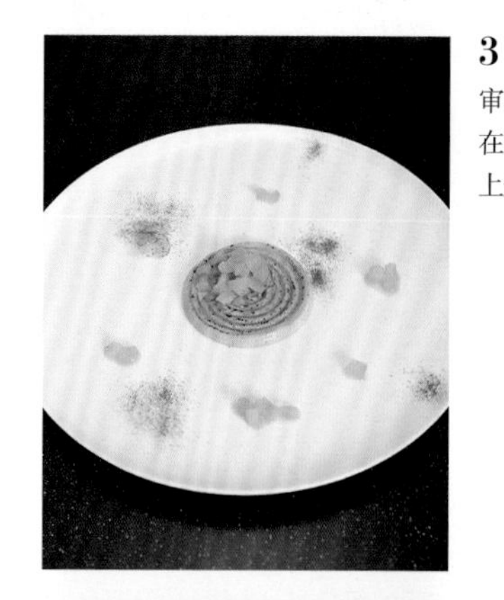

3

审视摆盘的协调感，在盘子任意几处撒上焙茶茶粉。

4

用汤匙挖取较小的橄榄形梨子雪芭，放在焦糖布丁上。取2根焙茶法式蛋卷，在布丁旁边竖立摆放。

#7

大豆制品

Produits
à base de soja

高野豆腐法式吐司配豆腐慕斯

Koya-Dofu comme un pain perdu, mousse au *Tofu*

豆腐质地柔软，没有异味，在点心和甜品上的适用性也很高。
虽然豆腐被使用在各种各样的产品上，但使用的不是高野豆腐，
所以我就有了用高野豆腐试一次的想法。浸过法式蛋奶液后烤制的高野豆腐
有嚼劲并且有韧性，拥有一种独特的口感。
特意选用凉爽绵软的豆腐慕斯，是为了形成口感和冷热搭配上的味觉对比。

DATA

原料	豆浆、卤水等凝固剂

豆腐

Tofu

Lait de soja caillé

木棉豆腐（老豆腐）

将大豆榨汁（豆浆）后加入卤水等使之凝固，倒入铺有棉布的模子中，在上面用重石压出水分。

绢豆腐（嫩豆腐）

制作方法与木棉豆腐相同，但放入模具中用镇石压住，保留水分，直接凝固，因此水分丰富，口感光滑。

高野豆腐

将豆腐冷冻，低温成熟后干燥而成。形状像海绵，一般是煮制且吸收水分后使用，也叫“冻豆腐”。

◉使用示例

可以使用于任何产品中，如冰激凌、慕斯、意式奶冻、粉类的面团或面糊等。

豆腐慕斯

其他

豆浆

豆浆是制作豆腐的原料。将用水泡发好的大豆，一边加水一边榨碎，然后过滤出榨汁。市面上有凸显大豆味的无添加豆浆和当作饮料加工的调味豆浆。

◉使用示例

法式吐司风味

将高野豆腐浸入法式蛋奶液，制作成法式吐司风味。

高野豆腐法式吐司

制成粉使用

用研磨机粉碎，也可以作为莎布蕾、戚风蛋糕等的面粉原料中的一部分来使用。但是，因为含有少许特殊的味道，所以要注意搭配调整。

◉ 用于制作甜点时的要点

根据口感选择老豆腐或嫩豆腐

老豆腐口感粗糙，嫩豆腐入喉柔滑。根据设计的口感选择食材。

加入豆浆提高风味

将豆腐搅拌制作奶油或沙司时，如果感觉大豆风味不够，可以加入豆浆来增加风味。

高野豆腐也可以应对过敏

用高野豆腐做成的粉末状食材，代替杏仁粉使用会比较健康，也可以利用它制作无麸质菜单。

组成1

高野豆腐法式吐司

Koya-Dofu comme un pain perdu

材料 4人份

法式蛋奶液

- 鸡蛋……55克
- 蛋黄……30克
- 细砂糖……60克
- 香草籽……1/4根
- 鲜奶油（乳脂含量35%）……30克
- 豆浆（加热至50摄氏度）……180克

高野豆腐（5.5厘米×7厘米×厚1.5厘米）……4枚

黄油……适量

制作方法

制作法式蛋奶液。从鸡蛋开始，依次将所有材料放入盆中，每次都用打蛋器均匀搅拌。最后，将加热至50摄氏度左右的豆浆加入，继续搅拌均匀。

将高野豆腐摆放在托盆上，将蛋奶液趁热从上面浇上去。豆腐翻面同样浇上蛋奶液，浸透至内部。用刀在正中央从上往下刺入，切割出切口，并确认蛋奶液是否渗透到中心内部。

将平底锅加热，放入黄油加热成茶色，放入高野豆腐，两面煎烤上色。

取出放入铺好烘焙纸的烤盘上，放入预热至180摄氏度的烤炉内烤约10分钟。

组成2

高野豆腐慕斯

Mousse au *Tofu*

材料 15人份

绢豆腐……200克

研磨的柠檬皮末……1/3个柠檬

板状明胶……5克

蛋清……80克

A
- 细砂糖……50克
- 水……10克

鲜奶油（乳脂含量35%）……100克

制作方法

将板状明胶用冰水浸泡备用。

将绢豆腐和磨碎的柠檬皮末一起用手持搅拌机搅拌。

3

将**步骤2**的一部分（50克左右）食材取出，放入耐热容器中，用微波炉加热到60摄氏度左右，再放入拧干水分的明胶，搅拌融化。然后再和剩下的豆腐混合一起搅拌。

4

制作意大利蛋白酥皮。将蛋清放入盆中，用手持搅拌机打发。将**A**中的食材在小锅中混合，加热至118摄氏度，一点点地加入蛋清，用手持搅拌机打发至干性发泡。

5

将鲜奶油放入另一个盆中打发至八分发泡。

6

将**步骤3**、**步骤4**、**步骤5**的食材混合，用打蛋器快速搅拌均匀，放入冰箱冷藏凝固。

组成3

焦糖沙司

Sauce caramel

材料　容易制作的分量

细砂糖……150克

水……150克

制作方法

将细砂糖放入锅中，用中火加热至深焦糖色。一点点加水溶解开。

组成4

焦糖杏仁

Amandes caramélisées

材料　5人份

带皮美国大杏仁（烘烤熟的杏仁*）……50克

A | 水……少许
　　| 细砂糖……20克

* 预热至160摄氏度的烤炉约烤20分钟。

制作方法

1. 将**A**中的食材放入锅中，用中火加热，熬煮至120摄氏度。
2. 关火，加入杏仁，用橡胶铲快速搅拌（结晶化）。使杏仁裹上砂糖并变成白色。
3. 锅底也沾裹上砂糖，等杏仁颗粒分散后，再次用中火加热，搅拌至砂糖溶化，变成茶色的焦糖。
4. 将**步骤3**中的食材摊开在烘焙布上，冷却。

【组合、盛盘】

材料 盛盘点缀用

糖粉……适量

1

将高野豆腐法式吐司横着摆放，切成三等份，放在盘子里。

2

用汤匙挖取较大的橄榄形豆腐慕斯，放在吐司上面，淋上焦糖沙司。

3

将焦糖杏仁一半的量对半切开，剩下的保持原样，一起放在慕斯上。最后撒糖粉装饰。

黄豆粉蛋糕配焦糖柳橙酱

Gâteau au *Kinako*, oranges caramélisées

湿润的黄豆粉蛋糕使人怀念过去，搭配柳橙，
再撒上炒黄豆做成日式和西式融合的甜点。
另外，在使用黄豆粉之前用烤箱烤10分钟左右，
香味倍增。这是最基本的技巧。

黄豆粉

将大豆炒熟后去皮，研磨成粉。在日本和果子中，它使用于糯米丸子、葛根饼、蕨饼等甜品中。

黄豆粉

Kinako
Poudre de soja grillé

DATA

原料	黄豆
保存方法	放入密闭容器，置于冰箱冷冻保存

其他

炒黄豆

节分时食用的大豆，又脆又香，可以作为甜点的点缀。

青豆粉（莺豆粉）

因为是使用青豆制成的豆粉，所以也被称为"青豆粉"，有甜味，用于春季的莺饼，主要流通于日本东北地区。

黑豆粉

使用黑豆制成的豆粉，有强烈的风味。

◉ 前期准备

烤出香味

在使用之前先用烤箱烤一下会更香。将黄豆铺在铺有烘焙纸的烤盘上，放入预热至160摄氏度的烤箱约烤10分钟即可。

◉ 用于制作甜点时的要点

面团产品中要注意用量

如果在面团中加入大量的黄豆粉的话，成品就会变硬，所以要适当控制低筋面粉的分量，保持比例平衡。

同焦糖和木桶的香气很匹配

黄豆粉不单是和豆沙、抹茶等日式食材搭配，也和食材焦糖化的焦香食物非常搭配。另外，与以白兰地为首的装在木桶里储藏过的酒也很相配。

◉ 使用示例

可以和蛋糕、莎布蕾等搭配或混合在冰激凌里使用。在日本的和果子中，和砂糖一起搅拌使用比较多。

黄豆粉蛋糕

黄豆粉冰激凌

组成1

黄豆粉蛋糕

Gâteau au *Kinako*

材料 15厘米×15厘米×高3厘米的蛋糕模具（5人份）

黄豆粉（烘烤过的豆粉）……40克

糖浆（波美度30度）……70克

黄油……40克

细砂糖……20克

食盐……0.5克

鸡蛋……40克

A 低筋粉……10克
泡打粉……1克

制作方法

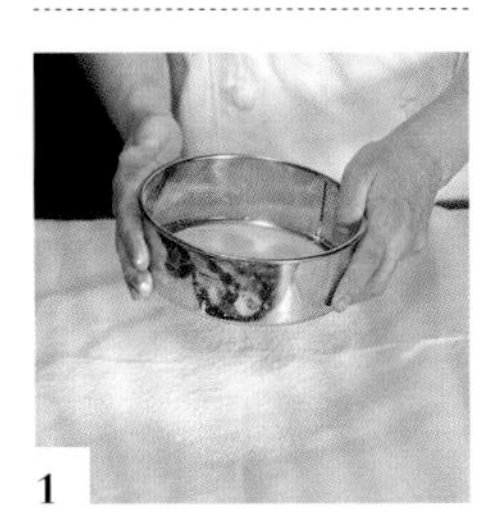

1

将黄油恢复常温备用。将**A**中的食材混合过筛备用。把蛋糕模具放在烤盘上，在底部和侧面铺上烘烤纸备用。

2

将黄豆粉和糖浆放入盆中，用橡胶铲揉和搅拌成糊状。再加入**步骤1**的黄油混合后，依次加入细砂糖、盐，要使空气混入其中，充分均匀搅拌。

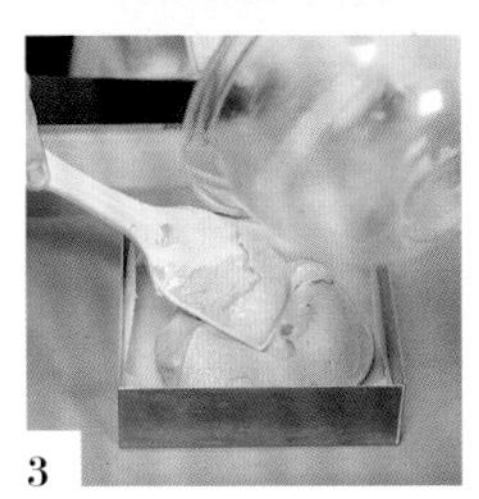

3

一点点分次加入打散的鸡蛋，每次都用打蛋器搅拌均匀。然后将过筛后的**A**中的食材加入混合搅拌均匀，倒在蛋糕模具里抹平。

4

在预热至150摄氏度的烤箱中烤10～15分钟（中途将烤盘前后方向调换一次）。摸一下蛋糕的中央，如果有弹性就代表烤制完成了。从烤盘上取下脱模，直接冷却。

组成2

黄豆粉冰激凌

Crème glacée au *Kinako*

材料 6～8人份

牛奶……240克

鲜奶油（乳脂含量35%）……76克

麦芽糖……20克

粗黄糖……35克

豆粉（黄豆粉和黑豆粉按1:1混合后烘烤）……48克

制作方法

1. 将所有材料放入锅中，为防止糊锅，搅拌煮至沸腾。
2. 将**步骤1**中的食材过滤，盆底置入冰水中，搅拌并冷却。最后用冰激凌机制作。

组成3

焦糖柳橙酱

Marmelade d'oranges caramélisées

材料　5人份

柳橙……净重200克

细砂糖……20克

A｜细砂糖……10克
　｜果胶……2克

制作方法

1. 将柳橙上下切开，用水煮到外皮变软为止。沥干水分直接放凉，然后切碎。
2. 将A中的食材混合备用。
3. 将20克细砂糖放入锅中，用中火加热至焦糖色。加入柳橙，搅拌至焦糖溶化。
4. 暂时先从火上取下，一边加入A中的食材，一边用手持搅拌机搅拌。然后再次放到火上煮沸后冷却。

组成4

尚蒂伊（香缇）鲜奶油

Crème Chantilly

材料　8人份

鲜奶油（乳脂含量35%）……300克

细砂糖……20克

香草荚……¼根（剖开刮籽）

柳橙皮……1克

制作方法

将材料全部放入盆中，打发至八分发泡。

【组合、盛盘】

材料 盛盘点缀用

去内果皮的柳橙果肉……适量

炒黄豆……适量

豆粉（黄豆粉和黑豆粉按1∶1混合烘烤的豆粉）……适量

1

将除去内果皮的柳橙果肉三等分。

2

将黄豆粉蛋糕切成5个10厘米×3厘米的长方形。

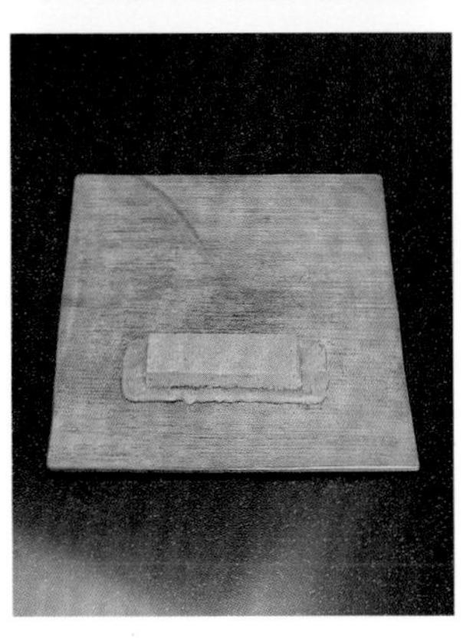

3

在盛盘用的盘子的稍靠前的位置，将焦糖柳橙酱铺成比**步骤2**的蛋糕大一圈，厚度为3毫米的长方形。然后把黄豆粉蛋糕放在上面。

4

在右上方，作为冰激凌的“防滑垫”，也铺上少量的焦糖柳橙酱。

5

在裱花袋中装上圣安娜波纹裱花嘴，放入尚蒂伊鲜奶油，在黄豆粉蛋糕上挤出波浪状花纹。

6

在奶油上撒上大致切碎的炒黄豆和除去内果皮的柳橙果肉装饰，再撒上烤好的豆粉。在**步骤4**的食材上面摆放挖成橄榄状的黄豆粉冰激凌。

豆腐渣奶酥配烤苹果

Crumble à l'*Okara*, pommes au four

试着用豆腐渣来做米布丁会是个不错的创意吗？
因为是热甜品，所以要选择即使加热也美味的水果，于是选择了苹果。
用酸奶油增加酸味和醇厚感，用满满的苹果蜜饯增加了多汁感。

豆腐渣

Okara
Pulpe de soja

新鲜豆腐渣

豆腐渣指制作豆腐时，挤压出豆浆后留下的残渣，富含食物纤维，是一种健康食材。

DATA

原料	大豆
保存方法	【鲜豆腐渣】冷藏保存，2～3天内使用，或者尽量抽出空气至真空状态，平放在保鲜袋里，冷冻保存，1周以内使用。 【豆腐渣粉】密封袋口，常温保存

◉使用示例

除了布丁，豆腐渣还可以和甜甜圈、莎布蕾等质地的食品混合使用。

豆腐渣布丁

豆腐渣粉

把鲜豆腐渣晒干研磨成粉末状，可以保存数月，使用非常方便。

◉使用示例

因为粉碎得很细，因此豆腐渣粉可以用在与粉类一起过筛使用的产品里，例如奶酥粒、莎布蕾等，也可作为油炸食品的挂糊/涂层使用。

豆腐渣奶酥

◉ 用于制作甜点时的要点

新鲜的豆腐渣需尽早使用

鲜豆腐渣过了1～2天后就容易变质，所以要尽早使用，也可以冷冻保存。

用豆腐渣粉替代杏仁粉

用豆腐渣粉替代杏仁粉使用。豆腐渣含有丰富的食物纤维，能制作出一种口感清淡的日式甜点。

用水泡一泡就是新鲜豆腐渣

如果将豆腐渣粉用水还原，就可以作为新鲜豆腐渣的替代品使用。比例以20克豆腐渣粉兑80克水。只要混合搅拌一下，瞬间还原。

组成1

豆腐渣布丁
Pudding à l'*Okara*

材料 10人份（14厘米×21厘米的椭圆形烤盘1个）

鲜豆腐渣……150克

A | 牛奶……180克
| 鲜奶油（乳脂含量35%）……30克

B | 鸡蛋……55克
| 蛋黄……30克
| 细砂糖……60克
| 香草籽……¼根香草荚（剖开刮籽）

葡萄干……50克

核桃仁（烘烤熟的核桃*）……50克

* | 用预热至150摄氏度的烤箱约烤15分钟。

制作方法

1

将豆腐渣倒入盆中，将混合好的**A**中的食材分次、一点一点加入，混合搅拌。

2

将**B**中的食材倒入另一个盆中，用打蛋器搅拌，放入**步骤1**中的食材、葡萄干、切碎的核桃一起混合。

3

将**步骤2**中的食材盛入烤盘中，放在烤盘上，放入预热至140摄氏度的烤炉中，烤30～40分钟（中途大约烤15分钟后，将烤盘的前后位置调转）。出炉轻轻摇晃确认，中间不晃动就烤好了。

4

趁热沿着盘边插入小刀旋转一周，取出。切成边长4厘米的块备用。

组成2

豆腐渣奶酥
Crumble à l'*Okara*

材料 10人份

黄油……40克

粗黄糖……30克

豆腐渣粉……30克

低筋粉*……25克

* | 低筋粉可以替换成米面粉。

制作方法

1. 将恢复常温的黄油、粗黄糖、豆腐渣粉、过筛后的低筋面粉依次加入盆中，每次加料都需用橡胶铲搅拌均匀。然后用手捏成一团。
2. 将混合物撕成1厘米大小，摊开在铺有烘焙布的烤盘上，放置15分钟左右晾干。
3. 在预热至150摄氏度的烤箱中烤20～25分钟。

组成3

糖水煮苹果泥

Compote de pommes

材料　4人份

苹果……180克
细砂糖……45克
黄油……15克
柠檬汁……8克
香草荚……1/6根（剖开刮籽）

制作方法

1. 将苹果削皮去心，切成碎末。将所有材料放入锅中，用较弱的中火将苹果煮至半透明。
2. 取出香草荚的壳，使用手持搅拌机加工成泥状。

组成4

烤苹果

Pommes au four

材料　4人份

苹果……1个
细砂糖……适量

制作方法

1. 将苹果削皮去心，按照月牙形状切成12等份。把苹果摆放在铺有烘焙布的烤盘上，撒上细砂糖。
2. 在预热至170摄氏度的烤箱中烤20分钟左右（中途烤10分钟时翻面，撒上细砂糖）。取出放在托盘里备用。

【组合、盛盘】

材料　盛盘点缀用

细砂糖……适量
糖粉……适量
酸奶油……适量
香草荚……1/2根（剖开刮籽）

1

如果布丁冷了就放入烤箱加热。在布丁表面撒上细砂糖，用喷枪烤出焦糖面。给烤苹果也撒上细砂糖，用喷枪烤出焦糖面。

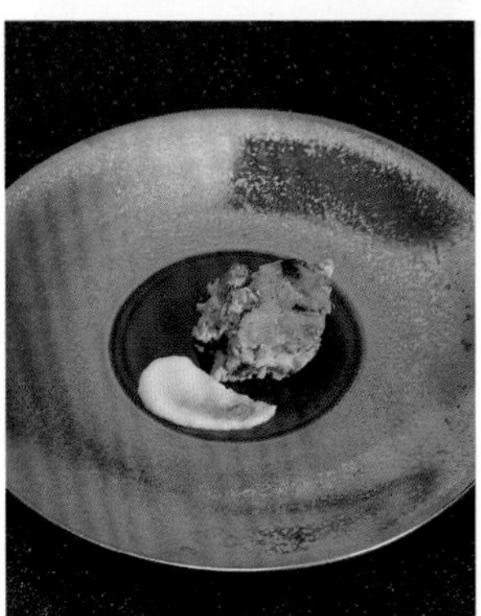

2

在盘子里铺上糖水煮苹果泥，放上豆腐渣布丁。

3

放入2片烤苹果，在空余的地方放上糖水煮苹果泥。放上奶酥，撒上糖粉。然后摆上用汤匙挖取的较小的橄榄形的酸奶油，再用香草荚做点缀。

干豆腐皮配热带水果千层酥

Millefeuille de *Yuba* et fruits exotiques

自古以来，作为僧侣的营养来源，豆腐皮被用在精进料理中。虽然也有新鲜的豆腐皮，但在甜点上使用了更能传递豆腐皮的味道，也更容易加工的干豆腐皮。豆腐皮外观看上去很薄，所以，我在法式玉米薄饼的基础上拓宽思路，制作了夹心千层酥。其特点是干豆腐皮特有的筋道口感。

豆腐皮

Yuba
Peau de Tofu

DATA

主要产地	京都府的比叡山山麓、枥木县日光市等自古以来的门前町*
保存方法	【干豆腐皮】封好袋口，常温保存

干豆腐皮

将豆浆煮开，捞出表面的鲜豆腐皮，铺平晒干制成干豆腐皮。
（译者注：日本的豆腐皮如同我国的腐竹，只是形状上有区别。）

干豆腐皮

将新鲜的豆腐皮在半干燥的状态下卷起，切成方便食用的大小后再干燥的食材。

◉使用示例

将干豆腐皮放入糖浆或水里还原后烤成豆腐皮吐司，或切碎后加入珍珠奶茶中等，也可以在豆腐皮里面放上奶油芝士卷起来，做成炸春卷。

烤豆腐皮

干豆腐皮珍珠奶茶

干豆腐皮炸春卷

鲜豆腐皮

将浓浓的豆浆煮开，并舀出表面上凝结的膜而制成鲜豆腐皮。

◉使用示例

给新鲜的豆腐皮浇上水果醋等调味汁，简单地制作，就能散发出新鲜豆腐皮的魅力。

◉ 用于制作甜点时的要点

容易加工的是干豆腐皮

与新鲜的豆腐皮相比，因为豆腐皮的水分挥发后味道更浓缩，所以干豆腐皮更适合于制作甜点。

鲜豆腐皮尽可能简单朴素

在使用新鲜豆腐皮的时候，为了充分利用其细腻的口感和味道，建议尽可能做成简单朴素的甜品，例如只需浇上水果系的调味汁等。

*门前町广义上可理解为宗教都市。

组成1

干豆腐皮吐司

Yuba grillé

材料　6人份

A | 水……200克
  | 细砂糖……80克

干豆腐皮（9厘米×16厘米）……6张

制作方法

1

将**A**中的食材放入锅中煮沸，制作成糖浆。趁热放入干豆腐皮，浸泡30分钟左右。

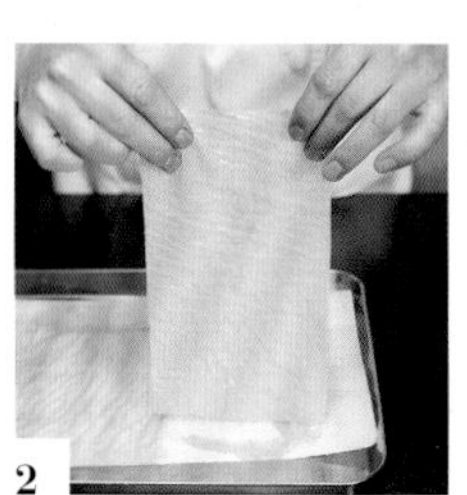

2

当干豆腐皮变软后，在厨房用纸上摊开，吸干水分。

3

将豆腐皮互不重叠地摊在铺有烘焙布的烤盘上，再盖上一张烘焙布。

4

在上面再盖上一个烤盘，放入预热至170摄氏度的烤箱里烤15分钟左右，直到上色。

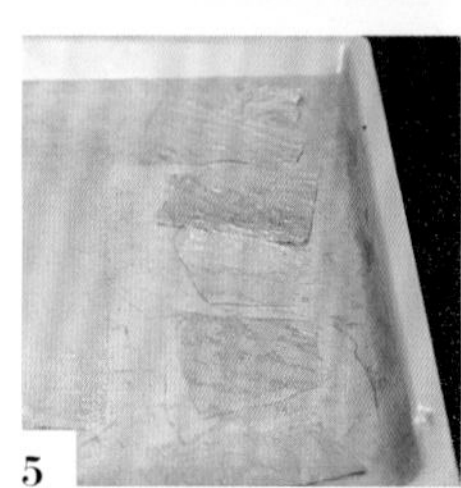

5

取出后，去掉烤盘和上面的烘焙布，冷却，然后切成长约5厘米的大小。

组成2

马斯卡彭奶酪奶油

Crème mascarpone

材料　20人份

鲜奶油（乳脂含量35%）……125克
蛋黄……50克
细砂糖……100克
蛋清……75克
马斯卡彭奶酪……125克

制作方法

1. 将鲜奶油打发至八分发泡。
2. 将蛋黄、⅓量的细砂糖放入盆中，用打蛋器搅拌至绸带状。
3. 将蛋清和剩下的⅔量的细砂糖放入另一个盆里，用手持搅拌器制作蛋白霜。
4. 将**步骤1**、**步骤2**、**步骤3**中的食材、马斯卡彭奶酪一起快速混合搅拌。放入冷藏室冷却。

组成3

菠萝果酱

Marmelade d'ananas

材料 20人份

菠萝……净重275克

杧果……净重125克

苹果醋……20克

百里香……1克

香草精糊……1克

A 细砂糖……12克
NH果胶……2克

制作方法

1. 将菠萝和杧果剥皮。去掉菠萝中心硬的部分和杧果核。然后一起切碎。
2. 将**步骤1**中的食材、苹果醋、百里香、香草精糊放入锅中，边搅拌边熬煮至没有水分。
3. 加入混合好的**A**中的食材煮至沸腾，从火上取下冷却。

组成4

干豆腐皮珍珠奶茶

Yuba et tapioca au lait

材料 20人份

A 水……300克
细砂糖……30克

干燥的木薯珍珠粒……20克

B 水……200克
细砂糖……80克

干豆腐皮（9厘米×16厘米）……1张

C 豆浆……75克
粗黄糖……7.5克

菠萝果酱（参考左栏）……20克

制作方法

1

将**A**煮沸制成糖浆，与干燥的木薯珍珠一起放入耐热容器中。盖上保鲜膜，放入600瓦的微波炉中，加热30秒～1分30秒。当木薯珍珠变成半透明的状态（木薯心还有残留）时取出，用余温加热。用冰箱冷藏冷却。

2

将**B**中的食材煮沸，制成糖浆，趁热将干豆腐皮浸泡，放置30分钟左右备用。

3

将**C**中的食材放入耐热盆中，用微波炉稍微加热，使粗黄糖融化。把盆底置入冰水中，搅拌冷却。

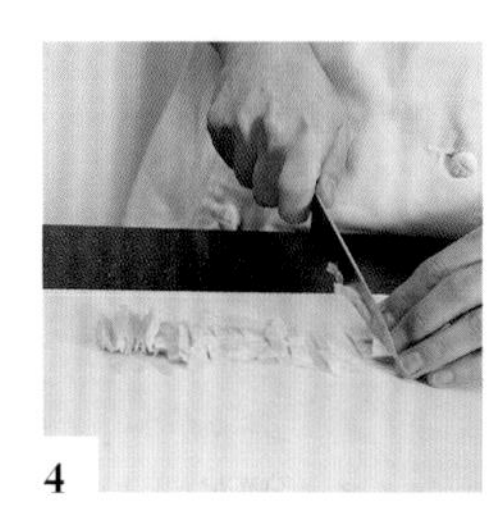

4

将泡软的干豆皮摊开在厨房用纸上，吸干糖浆，横切成四等份并叠在一起，切成5毫米宽。将其放入**步骤3**的盆中，加入滤去糖浆的木薯珍珠搅拌均匀。

【组合、盛盘】

材料 盛盘点缀用

糖粉……适量

1

在小型的玻璃杯中放入20克左右的菠萝果酱。

2

在盘子的左侧，放入少量防滑用的马斯卡彭奶酪奶油，放上豆腐皮吐司。

3

在**步骤2**的食材上面，将菠萝果酱、豆腐皮烤片、马斯卡彭奶酪奶油、豆腐皮吐司按顺序依次堆叠，然后在上面再重复堆叠一次。

4

最后堆叠上菠萝果酱、干豆腐皮吐司，然后撒上糖粉。

5

在**步骤1**的杯子中放入干豆腐皮珍珠奶茶，并放置在子的右侧。

#8

水果

Fruits

柚子巧克力甜点杯

Coupe au *Yuzu* et chocolat

柚子在法国也是非常主流的日式食材。
在日本，它也被广泛使用。
柚子和巧克力的搭配既经典又美味。
用木薯粉制作的薄片，鲜艳的色彩是一大亮点。

柚子

Yuzu
Agrume acide

柚子（黄柚子）

柚子是为数不多的耐寒性柑橘类水果。在柑橘类中，其味道很明显，即使少量使用也能产生风味，因此很容易展示在甜点中。柚子籽多，富含大量果胶。

青柚子

夏天上市的青柚子是柚子变成黄色之前的果实。其果汁比黄柚子少。

◉ 使用示例

研磨表皮添加风味

用磨皮器将外皮磨成末，加入面团中，完成时再撒上少许柚子皮末，增加风味。

用果汁做成慕斯或雪芭

由于柚子的果汁具有强烈的酸味和轻微的苦味，因此最好是同柠檬、青柠相同的使用方法。

连外皮一起煮，制作成果酱和糖渍柚子

连外皮一起煮，并制作成果酱（见第202页）和糖渍柚子。

DATA

分类	芸香科柑橘属
主要产地	高知县、德岛县、爱知县
收获时间	黄柚子11月下旬—12月下旬，青柚子8月
挑选方式	挑选整体颜色均匀，皮硬又富有弹力，香味好，根蒂切口处新鲜的果子。
保存方法	放入塑料袋中，防止干燥。放在阴暗处或冰箱里保存。

◉ 用于制作甜点时的要点

与一样有着浓郁风味的食材很相配◎

有关柚子的搭档对象，诀窍是选择“风味不比柚子弱且有浓郁风味的食材”。比如巧克力，其浓郁的味道很适合搭配柚子。

也可作为陪衬

柚子和柠檬、橙子等一样，作为陪衬也很优秀。特别地适合与草莓和树莓等浆果类水果相配，如果加入少量柚子时，其味道就会变得更加突出。

果汁极少。巧妙利用市场上的商品

柚子的籽很大，果汁很少，一个柚子只有20克左右的果汁。制作大量的甜点时，可以使用市面销售的100%柚子汁。

果胶质丰富

柚子的果胶含量很高，尤其是柚子的籽和外皮中含量较高。因此，根据制作的甜品不同，也有不需要另外添加果胶的情况。

煮之前过开水

连外皮一起煮的时候，最好是事先将柚子切成几等份并用热水焯一下。这样做会将皮和海绵组织层中的苦味减轻，外皮也会变软。

研磨表皮

使用果汁

连皮煮

组成1

柚子果酱

Marmelade de *Yuzu*

材料　5人份

柚子……净重400克（约6个）

柚子果汁……40克

A 细砂糖……88克

NH果胶……4克

制作方法

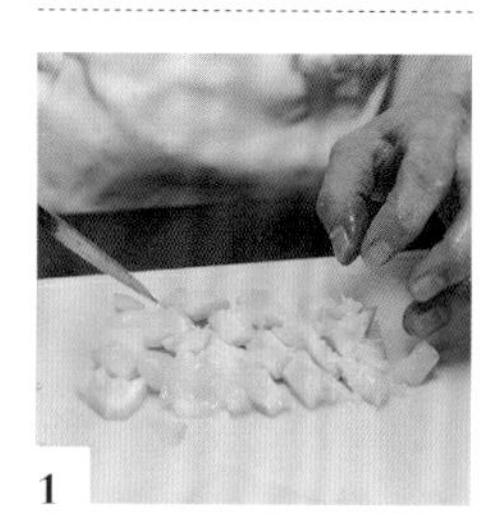

1

柚子除去根蒂对半切开，焯一次热水。除籽后切成边长2厘米大小后称重。将**A**中的食材混合备用。

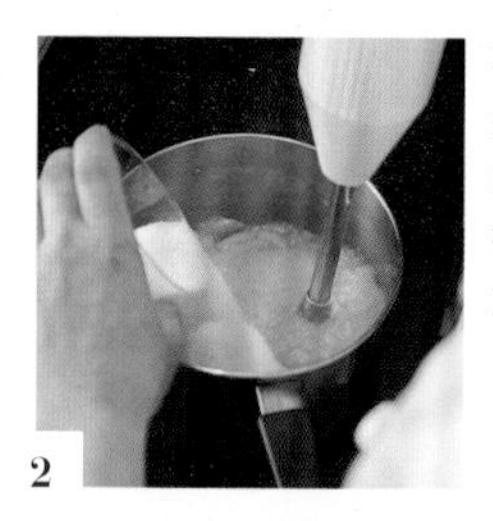

2

将**步骤1**中的柚子丁、柚子果汁放入锅内煮至沸腾，暂时从火上拿下来，用手持搅拌机边搅拌边将**A**中的食材加入其中。

3

再次开火，将**步骤2**中的食材煮至沸腾。

组成2

巧克力法式海绵蛋糕

Génoise au chocolat

材料　直径6厘米的圆形8个（15厘米的四方蛋糕模具2个）

A 鸡蛋……120克

细砂糖……75克

蜂蜜……10克

B 低筋粉……50克

可可粉……16克

牛奶……20克

制作方法

1. 将**B**中的食材混合过筛备用。将蛋糕模具放在铺有烘焙布的烤盘上，里面铺上烘焙专用纸。
2. 将**A**中的食材放入盆中，用手持搅拌机打发至形成带纹路的状态。将**B**中的食材加入，尽可能避免泡沫破碎，用橡胶铲混合搅拌，然后加入牛奶搅拌。
3. 将**步骤2**中的食材倒入**步骤1**的蛋糕模具中，敲击侧面后，放入预热至180摄氏度的烤炉中烤10分钟左右。
4. 从模具中取出冷却，用直径6厘米的圆圈抠取蛋糕。

组成3

可可豆碎雪芭

Sorbet aux grués de cacao

材料 8人份

A | 牛奶……300克
鲜奶油……50克
可可豆碎……30克
麦芽糖……30克

B | 细砂糖……40克
稳定剂……4克

制作方法

1. 将**A**中的食材放入锅中混合，加热至80摄氏度。然后加入混合好的**B**中的食材，煮至沸腾，关火后冷却。
2. 将**步骤1**中的食材过滤，然后用冰激凌机制作。

组成4

柚子马斯卡彭奶酪尚蒂伊奶油

Crème Chantilly *Yuzu* / mascarpone

材料 5人份

A | 鲜奶油（乳脂含量35%）……200克
马斯卡彭奶酪……50克
细砂糖……10克
香草籽……1/6根（剖开刮籽）

磨碎的柚子皮末……1/2个柚子

制作方法

1

将**A**中的食材放入盆中，使用手持搅拌机打发起泡。加入磨碎的柚子皮末，轻微搅拌均匀。

组成5

柚子风味烤片

Chips au *Yuzu*

材料 容易制作的分量

A | 木薯粉*……4克
水……15克

柚子果酱（见第202页）……200克

* 木薯粉…用木薯粉的原料木薯淀粉加工而成的粉末。与淀粉和玉米淀粉相似，其特征是具有较强的韧性。

制作方法

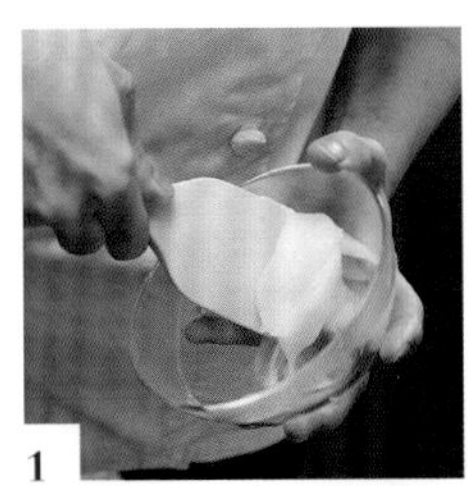

1

将**A**中的食材放入耐热容器中充分搅拌均匀。在600瓦的微波炉中加热10～15秒，取出后用橡胶铲搅拌。此工序重复几次，直至面团有弹性。

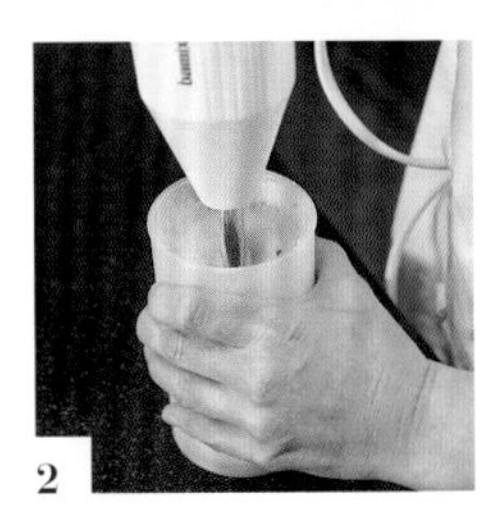

2

将**步骤1**中的食材和柚子果酱混合，用手持搅拌机搅拌。

3

在铺有烘焙布的烤盘上，将**步骤2**的食材用抹刀尽可能地摊薄。在预热至80摄氏度的烤箱中烘烤3小时左右，将其烤干。

4

将烤片掰碎，取出一小部分，放凉确认，如果能清脆地掰开就烤好了（如果变软时，将其再一次烤制）。取出后放凉，切成长约5厘米大小。

【组合、盛盘】

材料 盛盘点缀用

可可豆碎……适量
磨碎的柚子皮末……适量

1

将柚子果酱放入装有口径10毫米挤花嘴的裱花袋中，往盛盘用的玻璃杯内挤入50克果酱。放入巧克力法式海绵蛋糕，轻轻按压固定。

2

给另一个裱花袋装上星形挤花嘴，裱花袋内放入柚子马斯卡彭奶酪尚蒂伊奶油，将奶油满满地挤在巧克力蛋糕的周围。

3

将可可豆碎雪芭用汤匙挖成橄榄形，放在巧克力蛋糕上。

4

撒上磨碎的柚子皮末和可可豆碎。在雪芭上插入2片柚子烤片。

日向夏瓦希林

Vacherin au *Hyuganatsu*

[译者注：瓦希林（Vacherin）是在烤好的蛋白酥皮里夹上冰激凌和鲜奶油，并装饰水果、浇上酱汁的冷甜点。]

日向夏的特征是果实和外皮之间的白色海绵组织层也可以食用。
这层白色海绵组织微甜可口。
只吃果实部分总觉得哪里缺些什么，配上白色海绵组织层和果皮才是想要的味道。
将它应用在法国的经典甜点瓦希林中，
再与杏仁、香草搭配，做成一盘丰盛的甜品。

日向夏

Hyuganatsu
Agrume japonais

DATA

分类	芸香科芸香属
主要产地	宫崎县
收获时间	大棚为1—2月，露天为3—4月
挑选方法	整体色泽均匀，皮有弹性。不局限于尺寸的大小，结实有分量的果子
保存方法	放入塑料袋，放在阴暗处或冰箱里保存

日向夏

日向夏和高知县的“土佐小夏”、伊豆的“新夏橙”是同一品种，有清爽的甜味和酸味，不仅是果实和外皮，白色的海绵组织部分也能食用，很容易应用在甜点中。

◉ 用于制作甜点时的要点

搭配香辛料和杏仁，瞬间提升为主角

日向夏如果只单独吃果实的话，味道会比较弱，但是如果搭配香草荚、黑胡椒等香辛料，以及杏仁的话，味道层次就会提升到主角级别。

白色的海绵组织层也能食用

日向夏的特征是白色的海绵组织层也能使用，多汁，苦味少。

◉ 使用示例

活用白色海绵组织层

日向夏在同类的柑橘类水果中苦味较少，绵软的白色海绵组织层也可直接食用，也很美味。推荐果实和海绵组织层一起切开食用。

白色海绵组织

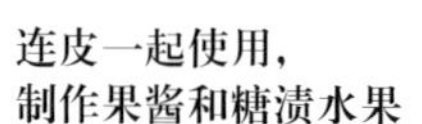

连皮一起使用，制作果酱和糖渍水果

连外皮一起熬煮变成果酱（见第207页）或糖煮日向夏（见第209页）。因为日向夏的苦味比较少，所以只需开水焯1～2次就可以。

果酱

用烤箱烘干，做成薄片和粉末

连皮切成薄片，放入烤箱烘烤2小时左右，做成烤片（见第209页），用作装饰，也可以粉碎混在面团里使用。

日向夏烤片

挤出果汁，用在慕斯或啫喱中

利用果汁清爽的酸味做成慕斯或啫喱。

组成1

日向夏果酱

Marmelade de *Hyuganatsu*

材料　40人份

日向夏……净重500克（约2～3个）

香草荚……¼根（剖开刮籽）

A｜细砂糖……50克
　｜NH果胶……5克

制作方法

1

柚子对半切开或四等分切开，焯水1～2次。除去根蒂连同外皮一起切碎，将**A**中的食材混合备用。

2

将日向夏、香草荚放入锅内煮至沸腾。暂时关火取下来，取出香草荚的壳，边将**A**中的食材加入，边用手持搅拌机搅拌混合。

3

将香草荚的壳放回锅中，再次开火煮至沸腾，然后直接冷却。

组成2

日向夏雪芭

Sorbet au *Hyuganatsu*

材料　直径3厘米的12连半圆形硅胶模具

A｜水……96克
　｜磨碎的日向夏皮末……5克
　｜麦芽糖……39克

B｜细砂糖……25克
　｜稳定剂……2克

日向夏的果肉……210克（约3个）

柠檬汁……10克

制作方法

1. 将**A**中的食材放入锅中混合，加入混合好的**B**中的食材煮至沸腾。
2. 移到盆中，将盆底放入冰水中边搅拌边冷却。将**步骤1**中的食材过滤。
3. 加入日向夏的果肉、柠檬汁，使用手持搅拌机搅拌。用冰激凌机制作。
4. 然后装入直径3厘米的半圆形硅胶模具中，放入冰箱的冷冻室冷冻备用。

组成3

杏仁雪芭

Sorbet aux amandes

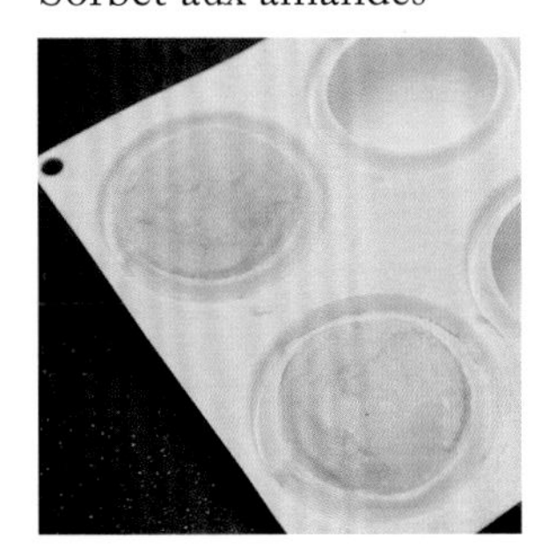

材料 直径6.5厘米的6连平圆形硅胶模具

A 杏仁奶（无糖）……250克
鲜奶油（乳脂含量35%）……72克
牛奶……40克

杏仁粉……60克

B 细砂糖……30克
稳定剂……2克

杏仁糖浆……60克

杏仁精华液……5克

日向夏雪芭（见第207页）……6个

制作方法

1 将**A**中的食材放入锅中加热，加入杏仁粉和混合好的**B**中的食材，煮沸，避免烧糊。移入盆中，将盆底放入冰水中，边搅拌边降温冷却，然后加入杏仁糖浆、杏仁精华液，打开冰激凌机制作完成。

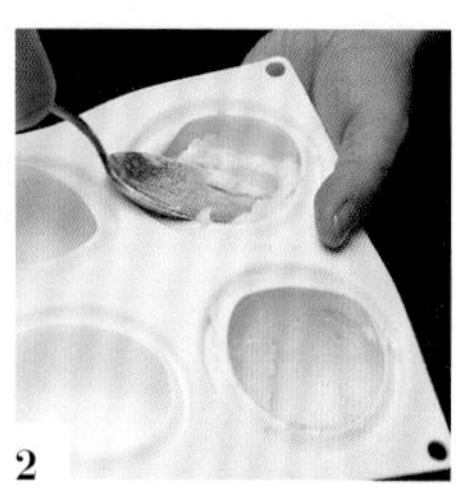

2 用汤匙将做好的杏仁雪芭在直径6.5厘米的扁平圆形硅胶模具内侧薄薄地涂抹一层（中间留出空间备用）。

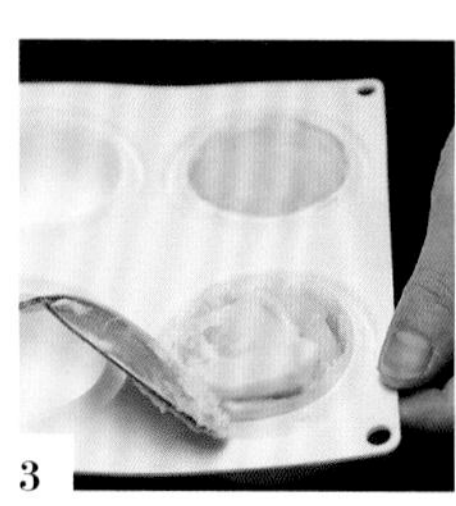

3 将日向夏雪芭按压在模具里面，在上面放上杏仁雪芭，将中间部分包裹起来。放入冰箱冷藏凝固。

组成4

日向夏蛋白霜

Meringue au *Hyuganatsu*

材料 20人份

蛋清……100克

A 细砂糖……20克
海藻糖……35克

B 糖粉……100克
日向夏粉（第209页，用研磨机将日向夏烤片磨碎）……1克

制作方法

1 将**A**中的食材混合备用。将**B**中的食材也过筛备用。

2 将蛋清放入盆中，用手持打蛋机轻轻地搅拌发泡，少量多次地加入**A**中的食材，打发成硬性发泡的蛋白霜。这个阶段需要充分确认海藻糖是否全部融化（入口确认，如果没有咯吱咯吱口感的话就可以了）。

3 将**B**中的食材加入**步骤2**的食材中，用橡胶铲快速混合。

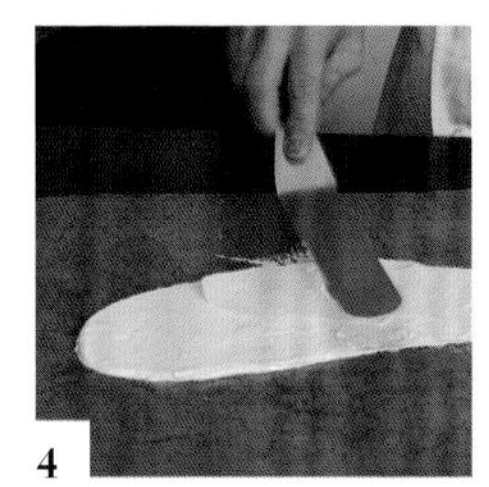

4

在铺有烘焙布的烤盘上用抹刀将**步骤2**中的食材按0.3毫米的厚度抹开，然后放入预热至90摄氏度的烤炉内烘烤约2小时，使其干燥。从烤盘取下冷却。

日向夏烤片

1 将1个日向夏切成四等份，去籽，然后冷冻。将其横截面贴在切片机上并切片，然后排列摆放在铺有烘焙布的烤盘上。

2 放入预热至90摄氏度的烤炉中烘烤约2小时，使其干燥。放入干燥剂保存，根据用途用研磨机研磨成粉末状。

组成5

糖渍日向夏

Hyuganatsu poché

材料 16～18人份

日向夏……2个

A | 水……200克
细砂糖……80克
柠檬汁……10克

制作方法

1

将日向夏从上至下切开，横向切成5毫米宽的厚度，去籽。放入耐热容器里备用。

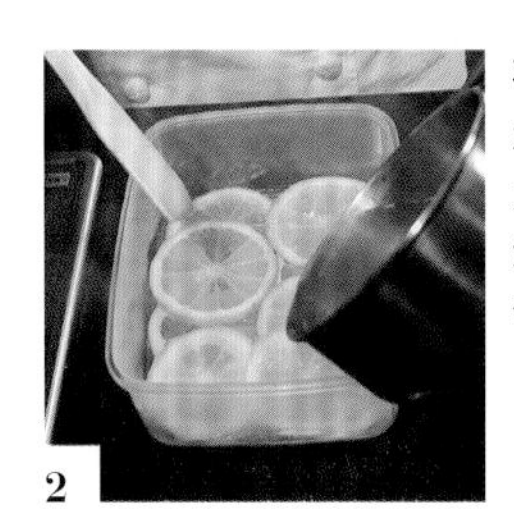

2

将**A**中的食材放入锅中烧开，趁热倒入**步骤1**的食材中。为了避免空气的侵入，用保鲜膜将表面封上，直接冷却，放入冰箱冷藏一晚。

组成6

糖煮日向夏

Hyuganatsu confit

材料 容易制作的分量

日向夏……1～2个

糖浆（将砂糖和水以1:2的比例煮沸并冷却）……500克

细砂糖……80克（3～4份，共240～320克）

制作方法

1. 将日向夏切成四等份，焯一次水。
2. 将糖浆放入锅中加热至90摄氏度，放入日向夏。盖上除油纸，然后再用小火加热到90摄氏度后关火。为了不让表面变干，在除油纸覆盖的状态下，常温放置1天备用。
3. 取出日向夏，仅加热糖浆，然后加入80克细砂糖，煮沸。将日向夏放回锅里，盖上除油纸，用小火加热至90摄氏度后关火，常温放置1天。此工序连续重复2～3次。

【组合、盛盘】

材料 盛盘点缀用

日向夏……适量

日向夏粉（见第209页，用研磨机将日向夏烤片研磨成粉）……适量

1

将日向夏的白色海绵组织层保留并剥去外皮，按照月牙形状切成八等份。将糖煮日向夏的汁液沥干，将其切成丝。

2

在盘子的左侧，放上少量的日向夏果酱，再在上面放上1块切成5厘米大小的日向夏蛋白霜。同样工序再重复操作一次。

3

在**步骤2**的食材旁边摆放1枚糖渍日向夏。

4

在**步骤2**的食材上面放上雪芭，用糖煮日向夏丝做装饰。

5

将日向夏切成月牙形状，取3片做装饰，撒上日向夏粉。

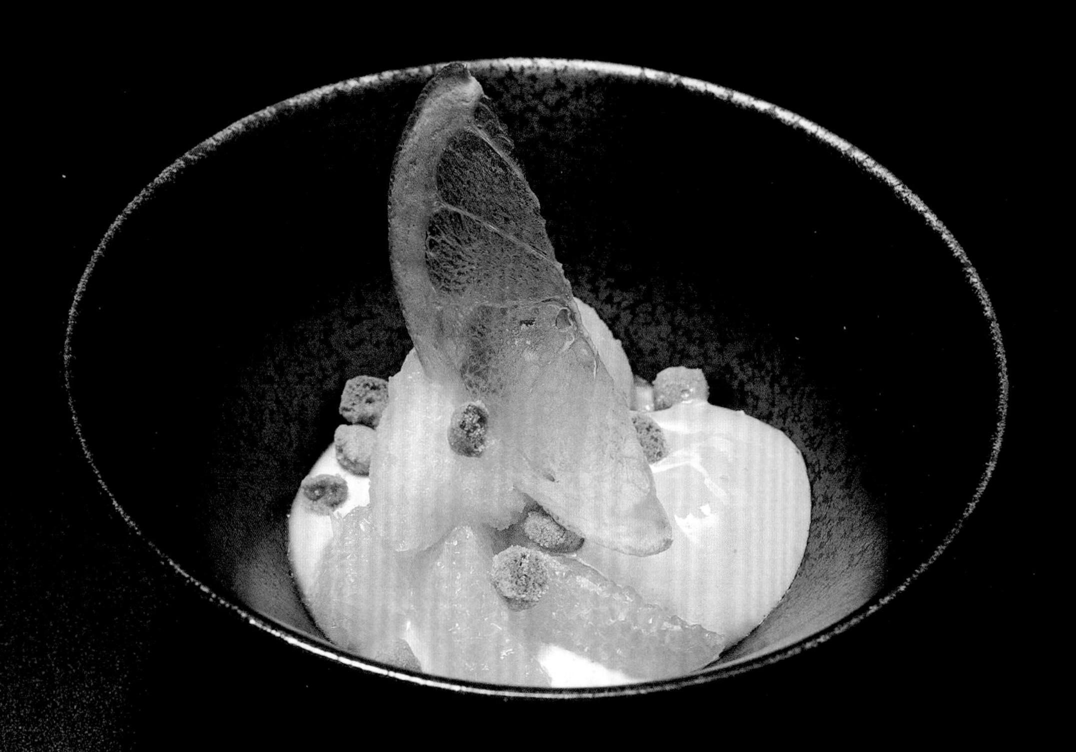

大橘配意式奶冻

Composition d'*Otachibana* et panna cotta

大橘和葡萄柚非常相似，味道清爽而淡雅。
此款甜品搭配柔和的奶油系的意式奶冻，用意式甜品萨芭雍将香味完美地呈现。
虽然结构简单朴素，但这是一款深受学生们好评的甜点。

使用的日本食材

大橘

Otachibana

Pamplemousse japonais

DATA

分类	芸香科芸香属
主要产地	熊本县，鹿儿岛县
收获时间	2—3月
挑选方法	整体色泽均匀，表皮富有弹性。不局限于尺寸的大小，挑选结实有分量的果实
保存方法	放在塑料袋里，放在阴暗处或冰箱里保存

大橘

大橘与熊本的特产珍珠柑、鹿儿岛的番石榴同属一个品种。以清爽的酸味和淡淡的苦味为特征，可以说是日本的葡萄柚。籽多。

◉ 用于制作甜点时的要点

清爽系水果+香辛料相配

除了搭配奶油系的浓郁食材，还可以搭配柑橘系水果和草莓。如果甜品仅由水果组成的话，可加入山葵、山椒、黑胡椒等有辣味的香料，以使味道形成明显的对比。

果汁是将果实搅拌提取的

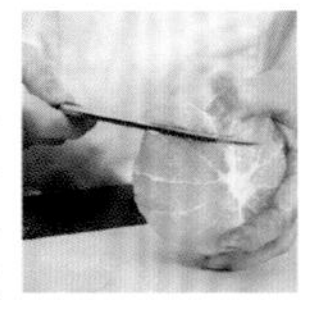

大橘的外皮很厚，果肉的颗粒也很硬。用榨汁机很难榨出果汁，所以推荐将果实取出后用手持搅拌器搅拌的方法。这样一来，果肉的汁液就会毫无保留地提取，也不会融入外皮的苦味。

去除苦味，需要过水

大橘的外皮、外皮同果实之间的白色的海绵组织层具有苦味。想要缓解苦味的时候，可以事先用开水焯2～3次。切成几等份后再焯水，也能减轻海绵组织层的苦味。

◉ 使用示例

连皮一起熬煮制作成糖煮和果酱

与细砂糖一起熬煮成糖煮和果酱。

糖煮

用烤箱烤干制成薄片

连皮一起切成薄片，放入烤箱中烘烤2小时左右，使其干燥，做成烤片，也可以将其制成粉末状并混合到面团中。

烤片

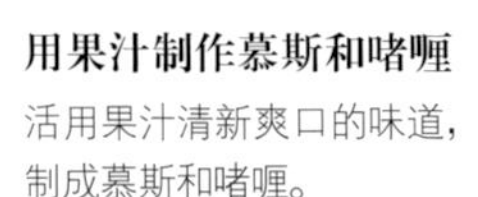

用果汁制作慕斯和啫喱

活用果汁清新爽口的味道，制成慕斯和啫喱。

表皮磨碎，增加风味

将表皮轻轻磨碎，放入冰激凌或雪芭中，增加风味和口感。

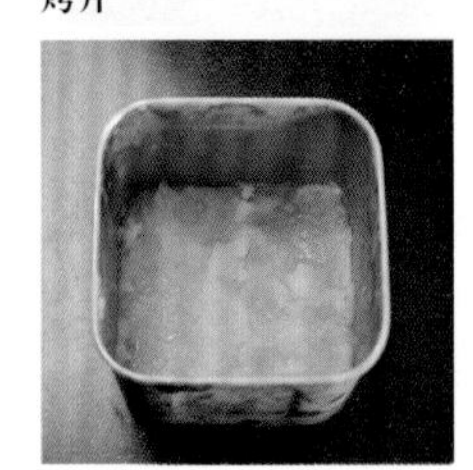

雪芭

组成1

意式奶冻

Panna cotta

材料　3～4人份

鲜奶油（乳脂含量35%）……150克

粗黄糖……24克

板状明胶……1.2克

制作方法

1. 将板状明胶用冰水浸泡复原备用。
2. 将鲜奶油和粗黄糖放入锅中加热至50摄氏度左右，然后加入拧干水分的明胶溶解。
3. 移入盆中，将盆底放入冰水中，搅拌冷却至20摄氏度左右。
4. 倒入较深的盘子里，放入冰箱冷藏凝固。

组成2

大橘雪芭

Sorbet à l'*Otachibana*

材料　3～4人份

大橘果肉……230克

A　水……80克

　麦芽糖……25克

　研磨的大橘皮末……适量

B　细砂糖……25克

　稳定剂……1克

制作方法

1

将**A**中的食材放入锅中混合，加热到即将沸腾。再加入混合好的**B**中的食材煮至沸腾。移到盆中，将盆底放入冰水中边搅拌边冷却。

2

将大橘果肉放入**步骤1**的食材中，使用手持搅拌机搅拌。然后用冰激凌机制作完成。

组成3

大橘烤片

Chips d'*Otachibana*

材料　8人份

大橘……½个

制作方法

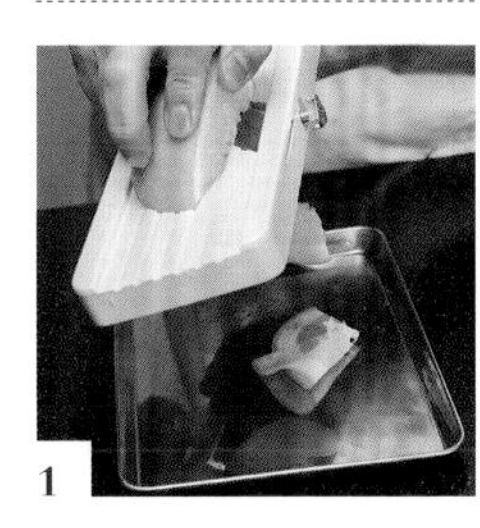

1

将大橘切成两半，去籽后冷冻。将其横截面贴在切片机上并切片，将切片排列摆放在铺有烘焙布的烤盘上。

2

在预热至90摄氏度的烤箱中烘烤约2小时，使其干燥。

组成4

克兰布尔（酥粒）

Crumble

材料　8～10人份

有盐黄油……20克

糖粉……20克

杏仁粉……20克

低筋粉……20克

制作方法

1. 将恢复常温的黄油、过筛的糖粉、杏仁粉、过筛的低筋面粉，依次加入盆中，用刮板充分混合到完全没有面粉。
2. 用刮板大致整理成团，用手将面团撕成直径1厘米左右的大小。然后摊在铺有烘焙布的烤盘上，保持原样放置15分钟左右，使其干燥。
3. 在预热至160摄氏度的烤箱中烤约15分钟。从烤盘取出直接冷却，让奶酪粒散开。

组成5

大橘萨芭雍

Sabayon à l'*Otachibana*

材料　6人份

蛋黄……40克

蜂蜜……15克

大橘果汁（果汁榨取方法见第212页）……36克

君度橙酒……2克

制作方法

1

将全部材料放入盆中，边用小火隔水加热边用打蛋器搅拌打发。打发至泡体前端的尖角能直立的状态。

【组合、盛盘】

材料　盛盘点缀用

大橘……适量

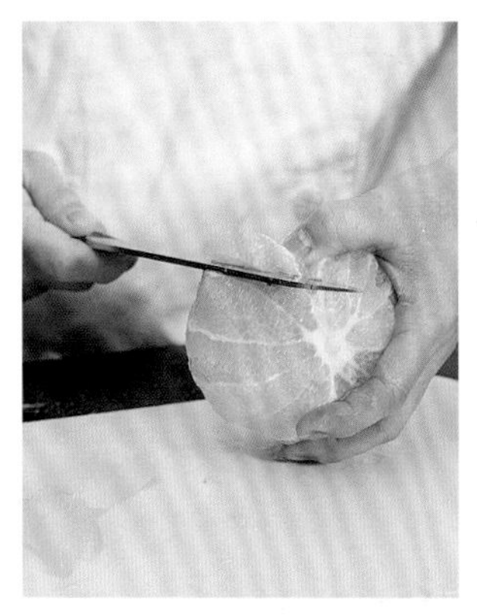

1

将去除内果皮的大橘切片（一人3枚果肉片）。

2

将防滑用的酥粒和**步骤1**的大橘片放在意式奶冻上。

3

将用汤匙挖成橄榄形的大橘雪芭摆放在酥粒上，在有空隙的地方淋上大橘萨芭雍。

4

撒上酥粒，将大橘烤片插入雪芭中。

烤枇杷配枇杷茶冰激凌

Biwa roti, crème glacée au thé de *Biwa*

枇杷的优势是淡淡的高雅的味道。这道甜品不用做太多的改动，就能完整地享受到整个枇杷的味道，同时，也使用了自古以来就被用作中草药的枇杷叶。

多汁的烤枇杷、冰激凌与脆脆的千层酥的口感形成鲜明的对比也是一种乐趣。

DATA

分类	蔷薇科枇杷属
只要产地	长崎县、千叶县、香川县、鹿儿岛县
挑选方法	颜色深，皮上覆盖着一层薄薄的绒毛
收获时间	5月—6月中旬
保存方法	果实放在阴暗处2天。新鲜的叶子擦干水分，冷藏保存

枇杷

Biwa
Nèfle du Japon

枇杷的果实

枇杷是具有高雅的甜味和淡淡的酸味的水果。皮要从与核反方向的底端开始剥，就能把皮剥得很干净。

烤枇杷

◉使用示例

带皮的枇杷直接放在烤箱里烤，或者去掉皮和籽做成糖煮，又或者煮成果酱等。

枇杷叶（新鲜）

自古以来，枇杷叶就有止咳、健胃等药效。在甜点中主要用作调味料。

◉使用示例

将叶子覆盖在枇杷果实上烤制，就会熏入叶子淡淡的香味（见第218页）。

烤枇杷

◉提前处理

用刷子刷掉绒毛

叶子的背面长有绒毛，需要用牙刷刷洗干净，然后用水冲洗后擦干水分。

干枇杷叶

干枇杷叶在市场上被称为“枇杷茶”销售。干燥加工过的枇杷叶注入热水就成了茶。在自己手工制作的情况下，将预先处理过的新鲜叶子在80～90摄氏度的烤箱中烘烤3～4小时进行干燥加工。

◉使用示例

将干燥加工过的枇杷叶放入牛奶或鲜奶油中，加热后焖泡，提取精华可制成冰激凌或慕斯等。

枇杷茶冰激凌

◉ 用于制作甜点时的要点

不添加不必要的食材

枇杷的味道细腻，如果添加多余的食材，枇杷自身的味道就会丧失。尽可能选择最低限度的食材组合，充分发挥枇杷本身的味道。

使用整个枇杷

因为枇杷的香味比较弱，所以整个使用能发挥出枇杷的味道，而且还能凸显存在感。

组成1

烤枇杷

Biwa roti

材料 4人份

枇杷叶（新鲜的提前处理过的叶子，见第217页）……适量

枇杷……8颗

A 蜂蜜（洋槐蜜）……120克
黄油……40克

制作方法

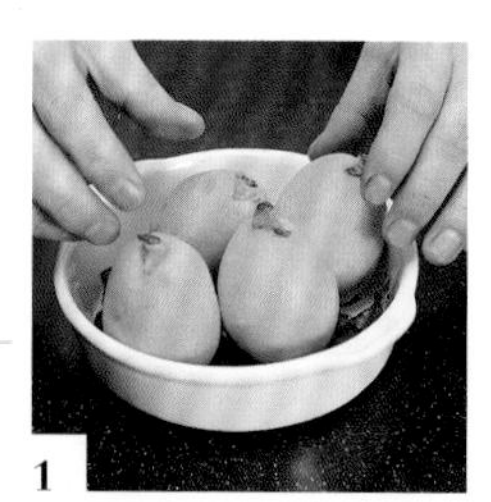

1

用剪刀将枇杷叶子的粗叶脉剪掉，再剪切成大片的叶片铺在耐热盘子（焗菜盘或珐琅盘等）上。在叶子上面，把带皮的枇杷的底部稍微削掉一点儿，竖着摆放。

2

将**A**中的食材放入另一个耐热容器中，用微波炉加热融化黄油，搅拌均匀后浇在**步骤1**的枇杷上。把剩下的叶子盖在枇杷上面。

3

用铝箔纸包裹，放入预热至180摄氏度的烤箱中烤20分钟（烤10分钟后取出，翻动枇杷，为使其完全烤透，调转方向，再次盖上叶子和铝箔纸，继续再烤10分钟）。

4

用手触摸枇杷确认，如果变软了就烤好了。如果感觉还硬的话，则增加烤制的时间。

组成2

翻转千层酥

Feuilletage inversé

材料 容易制作的分量

A 黄油……225克
低筋粉……45克
高筋粉……45克

B 低筋粉……110克
高筋粉……100克
食盐……8克
融化黄油……68克
水……85克

糖霜

C 蛋清……50克
糖粉……250克
柠檬汁……10克

制作方法

1. 将**A**中的食材放入做点心专用的搅拌机里搅拌。揉成团后取出，整理成四边形，用保鲜膜包好放入冰箱冷藏，最少冷藏醒发2小时。
2. 将**B**中的食材同样放入做点心专用的搅拌机里搅拌，整理成和**A**同样大小的四边形，用保鲜膜包好放入冰箱冷藏，最少冷藏醒发2小时。
3. 将**A**面团按照**B**面团的2倍长，用擀面棒纵向擀开。
4. 将**B**面团重叠铺放在**A**面团上，将**A**面团的另一侧对折到靠手侧方的面团上，用手将左右边缘和靠手侧的缝隙捏合，将**B**面团包入**A**面团中。

5. 将**步骤4**的面团前后延展拉长进行三折操作，再把面团90度旋转，再次前后延展拉长进行四折操作。同样的方法，三折和四折，各进行一次重复操作（中途也可冷冻）。

6. 将面团擀成5毫米薄厚，用保鲜膜包好放入冰箱冷藏醒发2小时。

7. 将充分混合好的**C**中的食材均匀地涂抹在冰冷（或冷冻）的面团表面。切成2.5厘米 × 12厘米的长方形，摆放在铺有烘焙布的烤盘板上，放入预热至160摄氏度的烤箱，烤50分钟左右。

组成3

枇杷果酱

Marmelade de *Biwa*

材料　8人份

枇杷……250克

粗黄糖……25克

柠檬汁……5克

香草荚……¼根（剖开刮籽）

制作方法

1

枇杷剥皮去籽，切碎放入锅内。将其他材料也一起放入轻微熬煮。

2

取出香草荚的壳，用手持搅拌机轻微搅拌，将一半的量搅拌成糊状为止。

3

再次开火，熬煮时注意防止糊锅。

组成4

枇杷茶冰激凌

Crème glacée au thé de *Biwa*

材料　12人份

A｜牛奶……400克

｜鲜奶油（乳脂含量35%）……250克

｜枇杷茶（干燥）……18克

B｜蛋黄……180克

｜粗黄糖……30克

酸奶油……30克

制作方法

1

将**A**中的食材混合，放入锅中，开火煮沸。沸腾后关火。盖上锅盖，继续焖10分钟左右。

2

将混合好的**B**中的食材放入盆中，用打蛋器搅拌，加入**步骤1**食材的一半的量进行混合，然后倒回锅中整体混合，搅拌加热至83摄氏度。

3

将**步骤2**中的食材过滤到盆中，然后用橡胶铲挤压茶叶，充分地抽取出茶叶的精华。

4

将盆底放入冰水中边搅拌边冷却，然后加入酸奶油。最后用冰激凌机制作。

【组合、盛盘】

材料 盛盘点缀用

枇杷叶（新鲜且提前处理过的叶子，见第217页）……1人份，½枚

枇杷……适量

糖粉……适量

1

用刀将千层酥从侧边中间切成两半。用手轻轻按压下层千层酥，使其凹陷，放入枇杷果酱，用上层千层酥盖上并夹住。

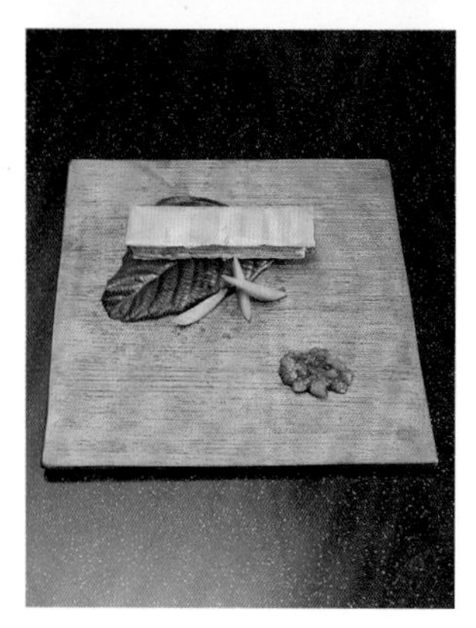

2

在盘子内侧摆放枇杷叶，将**步骤1**的食材放在上面，用几根切成细长的枇杷做装饰。在盘子靠手右前侧盛上一小块枇杷果酱，用来做冰激凌的“防滑垫”。

3

在盘子空着的部位摆放2颗烤枇杷，在防滑垫上放上用汤匙挖成橄榄状的枇杷茶冰激凌。撒上糖粉。

梅子达克瓦兹配法式冰沙

Dacquoise à l'*Ume* et son granité

在日本，到了梅子成熟的季节，大多是提取其精华液然后制成梅子糖浆或梅子酒，
或用盐腌制后加工成梅干，而我就想把梅子作为水果来使用。
首先将熟透的梅子用水煮，然后考虑如何使用。
梅子的酸味很重，所以关键是要充分发挥它的甜味。

梅子

Ume

Abricot japonais

成熟梅

青梅成熟后呈黄色的梅子即成熟梅。它的收获时间比青梅晚。其果实柔软，果香浓郁，适合制成甜点。

青梅

由于果实紧实而坚硬，因此常将果实中所含的精华液提取并使用在如梅子糖浆、梅酒等中。所使用过的果实可以加工成果酱和果泥。

DATA

分类	蔷薇科樱属
主要产地	和歌山县、群马县
收获时间	5—6月
挑选方法	饱满，色泽艳丽，果皮有张力，表面没有伤痕或斑点，有浓郁的梅香味。
保存方法	立刻加工。如果放置时间过久，会因逐渐催熟而变质，即使冷藏保存也会变成茶色。

◉ 用于制作甜点时的要点

避开金属工具

梅子的酸性非常强烈，会腐蚀铝、铁等金属的烹饪工具，因此要避免使用（不锈钢只能短时间使用）。推荐使用玻璃、陶器、搪瓷和氟树脂加工器皿。

必须煮熟使用

因为梅子的果实不能生吃，所以一定要煮熟使用。水煮后作为基底食材（参照右栏）备用的话，可以轻松地将其使用在各种各样的菜肴搭配中。

让甜味发挥作用

梅子有很强的酸味，为了不让酸味太过强烈，要充分发挥甜味来保持味道的平衡。

容易使用在甜品中

◉ 水煮成熟梅的制作方法

材料 容易制作的分量

成熟梅……500克

制作方法

1

用竹签除去成熟梅的蒂部。

1

2

连同水一起放入锅里或盆中（适合制作梅子的器皿，参照左栏），浸泡1小时左右，除去涩味。

2

3

沥干水分，放入锅中，再次放入足量的水加热。煮至即将沸腾（90摄氏度），调整火候，尽量不要触碰，小火慢炖至果实变软。

3

4

在皮裂开之前用漏网捞起，然后直接冷却。

4

准备工作

取500克熟透的梅子制成水煮成熟梅（见第222页）

Ume mûr cuit

组成1

梅子达克瓦兹

Dacquoise à l'*Ume*

1. 梅子果酱

Marmelade d'*Ume*

材料 容易制作的分量

水煮成熟梅（见第222页）……净重200克

细砂糖……80克

蜂蜜……20克

NH果胶……2克

制作方法

1

将水煮成熟梅去皮，称量克重备用。

2

将**步骤1**中的食材、总量一半的细砂糖、蜂蜜加入锅里或盆中，搅拌加热至沸腾。

3

将剩余的细砂糖和NH果胶一起加入**步骤2**的食材中，用小火搅拌熬煮到有光泽。然后关火冷却。

2. 梅子奶油霜

Crème au beurre à l'*Ume*

材料 16人份

黄油……135克

鸡蛋……45克

水……30克

细砂糖……90克

梅子果酱（参照左栏）……80克左右

制作方法

1

将黄油恢复到常温。将鸡蛋和水放入盆中，用打蛋器搅拌，然后加入细砂糖。隔水加热，用打蛋器边搅拌边加热至75摄氏度。

2

从热水中取出，用手持搅拌机边打发边使温度降至约30摄氏度。

3

将黄油分次慢慢地加入，每次加入都需用手持搅拌器均匀搅拌。

4

加入梅子果酱，用打蛋器混合。要注意的是，如果放太多梅子果酱的话，会导致奶油霜水油分离。

3. 杏仁达克瓦兹
Pâte à dacquoise aux amandes

材料 16～18枚（8～9人份）

A | 杏仁粉……100克
  | 糖粉……100克
  | 低筋粉……50克

蛋清……115克

细砂糖……40克

糖粉……适量

制作方法

1. 将A中的食材混合过筛备用。
2. 将蛋清倒入盆中，用手持搅拌器轻微搅拌。加入细砂糖，打发成竖起时尖端是直立的干性发泡状态。
3. 将**步骤1**中的食材分2～3次加入**步骤2**的食材中，不使泡体破损，用橡胶铲快速搅拌均匀。
4. 将烘焙布铺在烤盘上，放置达克瓦兹用的无底连排模具。用裱花袋将**步骤3**的面糊稍微多些挤入模具中，然后刮板把表面抹平。
5. 微微晃动，取出达克瓦兹的模具，从上方撒上糖粉。
6. 放入预热至175摄氏度的烤箱里烤大约15分钟，出炉移到冷却网进行冷却。

4. 完成
Finition

制作方法

1

将口径10毫米的挤花嘴装入裱花袋，装入梅子奶油霜。在一半的杏仁达克瓦兹上，从边缘往里5毫米的内侧开始平整地挤入奶油霜。用剩下的达克瓦兹覆盖在之前的达克瓦兹上并夹住，然后放入冰箱冷藏1小时。

组成2

糖浆煮梅子
Ume au sirop

材料 15人份

A | 水……150克
  | 细砂糖……150克

水煮成熟梅（见第222页）……15个

制作方法

1

将**A**中的食材放入锅中，开火加热搅拌融化，制成糖浆。

2

将火关闭，待温度下降至90摄氏度时，放入擦干水分的水煮成熟梅。

3

用除油纸做盖子，小火加热，保持90摄氏度，煮2～3分钟。关火放置一晚。

4

取出梅子，将糖浆用小火加热到90摄氏度（如果想要增加甜度，这时再加入150克的细砂糖）。把梅子放回锅里，再次重复进行**步骤3**的工序。

组成3

梅子法式冰沙

Granité à l'*Ume*

材料 6人份

板状明胶……2克

水……150克

糖浆煮梅子（见第224页）剩下的梅子糖浆……150克

制作方法

1. 用冰水将板状明胶复原。
2. 将水倒入锅中加热至40～50摄氏度，关火，放入拧干水分的明胶，充分搅拌，使其融化。然后移入耐冷容器中，加入梅子糖浆混合，放入冰箱冷冻。
3. 快要凝固的时候用叉子搅拌，再次放入冰箱冷冻。来回数次重复这个工序，直至做成冰沙。

【组合、盛盘】

材料 盛盘点缀用

糖粉……适量

1

取1个糖浆煮梅子，将其对半切开，取出果核，按照月牙形状切成六等份，放入小型玻璃器皿中。

2

将达克瓦兹对半切开，从上方撒上少许糖粉，摆放在盛盘用的盘子的右侧。在**步骤1**的玻璃杯中放入梅子法式冰沙，用切成小块的糖浆煮梅子做装饰，并摆放在同一个盘子里。

嫩煎李子配柳橙轻奶油

Sumomo sauté, crème légère à l'orange

李子的魅力在于皮中的酸味。
用烤箱将皮连同果肉一起烤制，将味道浓缩。
用焦香的荞麦烫糕做成三明治，再在上面摆放嫩煎李子。
与柳橙奶油一起食用，恰到好处地缓和了李子的酸味，
赋予甜品一种奢华的味道。

李子

Sumomo
Prune japonaise

李子

李子皮有酸味，果肉清甜。日本国内产量最多的是图片中的大石早生品种。未成熟的李子可用报纸等包裹，放在常温下即可催熟。

DATA

分类	蔷薇科樱属
主要产地	山梨县、长野县、和歌山县
收获时间	6月中旬—8月
挑选方法	颜色鲜艳，垂直凹线口的果肉左右对称，果实有沉甸甸的感觉。沾有果霜（表面的白色粉末）的果实是新鲜的
保存方法	用报纸包好后放入保鲜袋内，冷藏保存

◉ 用于制作甜点时的要点

活用靠近果皮部分的酸味

靠近李子果皮的果肉有酸味，这是李子味道的一大特征，所以推荐带皮使用。因为酸味很强，所以结合奶油等食材，能达到整体的味觉平衡。

不易使凝固剂凝固

要注意的是，李子具有很强的酸度，即使添加了凝固剂也不容易凝固。

容易变色

李子氧化极快，所以刀的切口处会立刻变成茶褐色。即使轻微烘烤，也会变成茶褐色，因此根据需要添加维生素C（抗坏血酸）来抑制氧化。

◉ 使用示例

除了烘烤、嫩煎以及制作果酱，还可以制成果泥，过滤后也用于沙司，李子可以做成各式各样的加工品。

烤李子

嫩煎李子

组成1

烤李子

Sumomo au four

材料 12人份

李子（熟透）……12个（小个的用18个）

粗黄糖*……适量

* 粗黄糖的用量多少是取决于李子的成熟状态和对甜度的考虑来进行调配的。

制作方法

1 李子清洗干净，连皮对半切开，去核，按月牙形状切成八等份。摆放在铺有烘焙布的烤盘上，然后整体撒上粗黄糖。

2 用预热至170摄氏度的烤箱烤15～20分钟。如果李子的边缘有烤焦的话及时调低温度，注意不要烤焦。

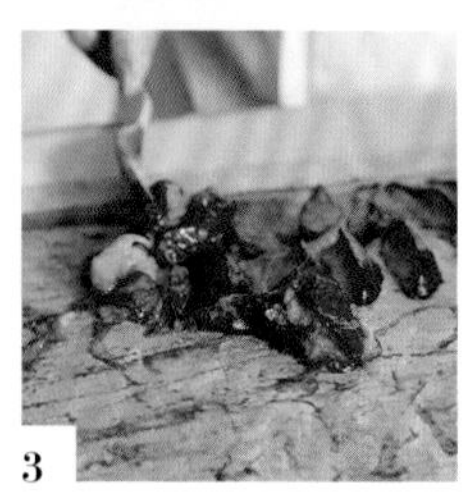

3 烤到李子渗出来的水分蒸发。趁没有粘黏时用小勺将李子肉刮下来（除去烤焦的部分），放入托盘中备用。

组成2

荞麦烫糕

Bouillie de sarrasin

材料 12人份

荞麦籽（烘烤过的*）……50克

牛奶……180克

粗黄糖……20克

烤李子（参考左栏）……全部

黄油……适量

* 在150摄氏度的烤箱大约烤10分钟，轻轻上色就可以使用。

制作方法

1 用烘焙用卷纸将荞麦夹在中间，用擀面杖粗略地擀碎。

2 将牛奶、粗黄糖和**步骤1**的食材放入锅里，用橡胶铲搅拌熬煮。将水分煮至挥发，并呈黏稠状态后关火。

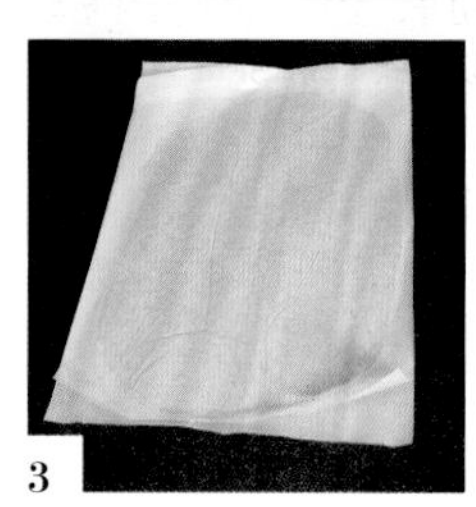

3 裁剪大幅的烘焙纸，将**步骤2**的食材夹入纸内，用擀面杖按5毫米的厚度擀开。原样对折，放入冰箱冷藏约30分钟，冷却凝固。

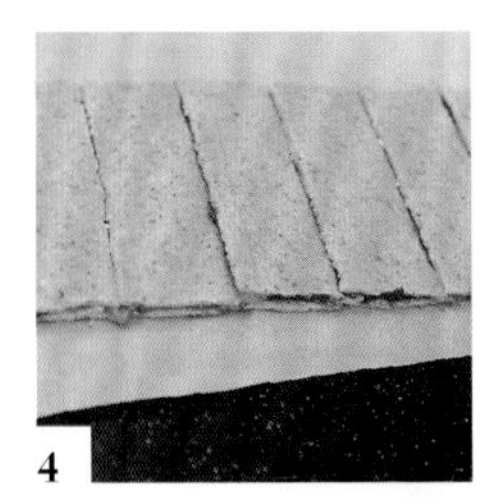

4

将荞麦烫糕展开，按三明治的方法制作。用抹刀将烤李子涂抹在其中半边，剩下的半边对齐折叠并盖上。然后切成3厘米 × 10厘米的长方形。

5

在盛盘前，用平底锅将黄油加热后，将两面煎至焦黄。

组成3

嫩煎李子

Sumomo sauté

材料　2人份

李子……3个

细砂糖……20克

黄油……6克

白兰地……3克

制作方法

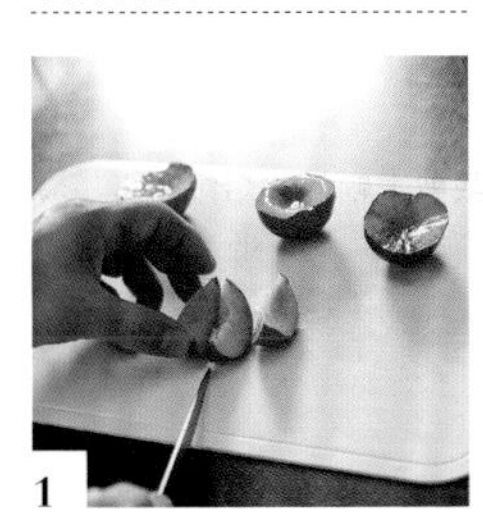

1

将李子清洗干净，连皮对半切开，去核。按照月牙形状切成八等份。

2

在平煎锅里放上细砂糖，用中火加热至焦糖化。加入黄油、**步骤1**中的李子，使李子整体均匀地裹上焦糖，然后倒入白兰地，采用法国酒焰法烹制。

组成4

柳橙轻奶油

Crème légère à l'orange

材料　10人份

A | 鲜奶油（乳脂含量35%）……120克
　| 酸奶油……100克

卡仕达奶油（见第230页）……100克

柳橙果酱（见第107页）……60克

制作方法

1. 将**A**中的食材在盆中混合后打发至九分发泡。然后加入卡仕达奶油一起搅拌混合。
2. 最后加入柳橙果酱搅拌混合。

卡仕达奶油
Crème pâtissière

材料 容易制作的分量

牛奶……125克

A | 蛋黄……32克
  | 细砂糖……23克
  | 低筋粉……6克
  | 玉米淀粉……6克

板状明胶……0.5克

黄油……10克

制作方法

1. 用冰水将板状明胶泡软备用。将牛奶放入锅中加热到即将沸腾。
2. 将**A**中的食材全部放入盆中混合，再将**步骤1**中加热的牛奶倒入混合，然后过滤移回到锅中，用中火加热，用橡胶铲搅拌熬煮至有光泽。
3. 放入挤干水分的明胶，黄油充分搅拌混合。将盆底放在冰水中冷却。

【组合、盛盘】

材料 盛盘点缀用

研磨的柳橙皮末……适量

1

在盘子左侧放上荞麦烫糕，表层摆放上嫩煎李子。

2

在盘子的右侧，摆放用汤匙挖成的橄榄形柳橙轻奶油。整体轻轻撒上研磨的柳橙皮末。

柿子克拉芙缇配那不勒斯雪芭

Clafoutis au *Kaki*, sorbet napolitain

为了传达一种叫“恋姬”的甜柿子的美味，我制作了简单工艺的克拉芙缇。柿子的果酱与有轻微酸度、使人心旷神怡的白奶酪搭配，形成了冷与温的组合。剩下的柿子果酱或搭配蓝纹芝士，也可以广泛用于料理中，例如煎鸭肉沙司等。

柿子

Kaki

Plaquemine du Japon

DATA

分类	柿树科柿属
生产区域	和歌山县、奈良县、福冈县等日本各地
收获时间	10—11月
选择方法	根蒂的颜色浓，和果实紧密相连。有沉甸甸的重量感
保存方法	把根蒂朝下保存，甜味会均匀地扩散到整个柿子。

恋姬

虽然因栽培困难而稀有，但是恋姬的含糖量高并且味道浓郁，是甜柿子中备受瞩目的品种。

柿子克拉芙缇

柿子

柿子大致分为两种：甜柿子和涩柿子。柿子的品种很多，次郎柿子和富有柿子是甜柿子的代表品种。涩柿子是为了生食而去除涩味后上市销售的。

◉使用示例

柿子可制作成克拉芙缇和果酱等。因为柿子的味道很细腻，不需要特别加工，使用能将柿子味道最大化的制作方法就可以。

柿子果酱

倒置保存

把柿子的根蒂朝下放置，整个柿子的甜味就会扩散。想长期保存的话，把湿纸巾放在根蒂上，将其倒置并冷藏。

◉ 用于制作甜点时的要点

与香料和香草很搭

柿子适合搭配西洋醋等带有酸味的食物。另外，花椒、黑胡椒、肉桂、柠檬草、马郁兰等香料和香草也很适合搭配。

使用凝固剂时要注意

柿子中含有的酵素有时会使蕨粉等凝固剂难以凝固。这种情况下，要在柿子充分加热后再加入凝固剂。

挑选柿子的软硬度

柿子越成熟，果实就越柔软，所以根据制作的甜品来选择柿子的软硬度。比起硬柿子，软柿子更适合放在果酱等将柿子煮烂熬碎的食物上。

无霜柿子饼

将涩柿子用硫黄熏蒸制成无霜柿子饼。其属于半生型，具有多汁的特征，可按与干果相同的方式使用。

组成1

柿子克拉芙缇

Clafoutis au *Kaki*

材料　直径8厘米的土锅20个

奶油糊

A
- 鸡蛋……150克
- 蛋黄……15克
- 粗黄糖……60克
- 低筋粉……25克
- 香草籽……½根香草荚（剖开刮籽）
- 酸奶油……100克
- 鲜奶油……300克

完成时使用

- 柿子（恋姬，硬柿子*）……1人约½个
- 杏仁粉……适量

* 使用恋姬柿子以外的柿子时，要用成熟的柿子。

制作方法

1 将奶油糊的材料依次放入盆中，每放一种都要用打蛋器搅拌均匀。过滤后盖上保鲜膜，放入冰箱冷藏1小时左右。

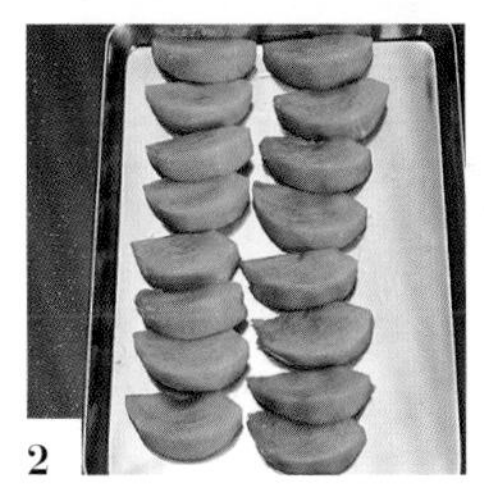

2 挖出柿子的根蒂，将皮削掉，按照月牙形状切成十六等份，如果有籽一并除去。

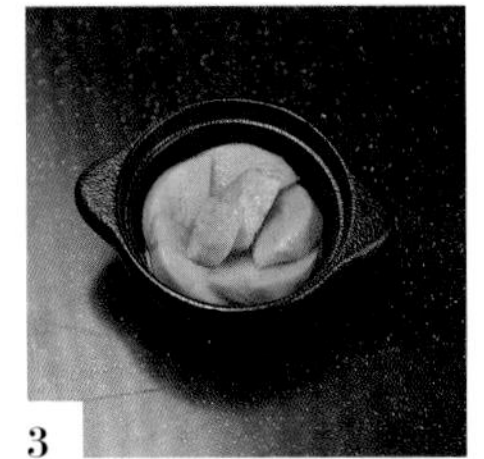

3 在每个土锅的底部铺上约5克杏仁粉，将切成月牙形状的柿子呈放射状排列，正中央部分大约放2块对半切的柿子。

4 将奶油糊搅拌均匀后，在**步骤3**的陶罐锅里各倒入30克。放在烤盘上，放入预热至170摄氏度的烤箱内烤制12分钟左右。

组成2

柿子果酱

Marmelade de *Kaki*

材料　容易制作的分量

- 柿子（成熟）……净重350克
- 柠檬汁……16克
- 粗粒黑胡椒……0.5克

A
- 细砂糖……30克
- 果胶……4克

制作方法

1 将柿子削皮除蒂，如果有籽也要除去，然后切成碎块。放入锅中，加入柠檬汁和黑胡椒，开火熬煮，时不时地进行搅拌，熬制至自己喜欢的黏稠度。

2

加入混合好的**A**中的食材，煮至黏稠*。移到盆里，将盆底放在冰水里，搅拌并冷却。

* 想要确认冷却状态下的软硬度时，可将托盘放在冰水上，然后在上面滴上少量的果酱，使其急速冷却再确认。

组成3

柿子白奶酪那不勒斯雪芭

Sorbet napolitain au *Kaki* / fromage blanc

材料 6～8人份

白奶酪雪芭

- **A**
  - 水……140克
  - 麦芽糖……24克
  - 细砂糖……40克
- 白奶酪……100克
- 鲜奶油（乳脂含量35%）……45克
- 柠檬汁……15克
- 蜂蜜……12克
- 柿子果酱（见第233页）……适量

制作方法

1. 制作白奶酪雪芭。将**A**中的食材放入锅中煮沸制成糖浆然后冷却。
2. 将**步骤1**的食材和其他食材混合并放入冰激凌机中制作。
3. 将成品雪芭和柿子果酱分3～4次交叉重叠，做出层次。放入冰箱保存。

【组合、盛盘】

材料 盛盘点缀用

柿子……适量

粗黄糖……适量

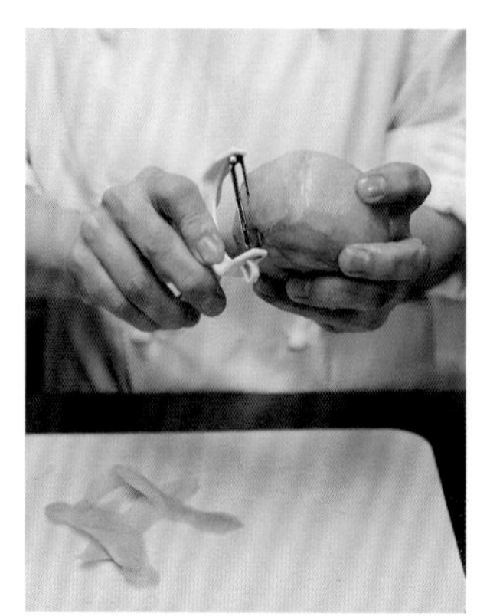

1

将柿子除蒂削皮，然后用削皮器将柿子削几片，削成丝带状。将剩余的柿子作为雪芭的防滑垫，切成5毫米大小的方块，放在盘子的右下方备用。

2

当柿子克拉芙缇烤好后，在其表面撒上粗黄糖，然后用喷枪将表层轻轻炙烤出焦糖面。在顶部用丝带状的柿子装饰，并将其放在盘子的左上方。

3

用汤匙把柿子白奶酪那不勒斯雪芭挖成橄榄状，并摆放在柿子“防滑垫”上。

index

索引

将本书介绍的甜品部分，
按类别进行了汇总。
可自由组合
尝试构成新的甜品组合。

日本和果子的衍生

红豆馅、煮豆

丸子、年糕、葛粉条

淡雪羹、真薯

基底、坯子、面团、面糊

克兰布尔（酥粒）、莎布蕾、法式蛋卷、甜酥挞皮

千层酥、法式海绵蛋糕、松饼、教士拐杖

达克瓦兹、成功饼、饼干

油炸品（意式天妇罗、米果、吉事果）

脆饼、可丽饼面糊、荞麦烫糕、玉米薄饼

蛋糕、舒芙蕾、弗朗

马卡龙

蛋白霜

表面装饰

焦糖化（坚果类）、烤制、佛罗伦丁等

裹糖酥

烤片

瓦片饼

千层脆片、格兰诺拉麦片、果仁松脆饼等

水果·香料

嫩煎

糖渍、糖煮

糖水煮、糖浆煮

酸甜酱

焦糖化（水果）

烘烤、烧烤

克拉芙提

腌渍

果汁、水煮

奶冻、布丁、奶油等

奶冻、意式奶冻、慕斯

布丁、焦糖布丁

奶油

萨芭雍、奶浆

沙司、糊、帕林内等

沙司

糊、泥

帕林内

啫喱、果酱等

啫喱

果酱（蜜饯）

果酱

拿铁、意式焗饭、奶茶

冷甜品

芭菲、慕斯

冰激凌

雪芭

冰沙

其他

日语编辑 · 执笔：早田昌美
摄影：曳野若菜（第40页“毛豆”图、第79页“老姜”图、第84页“山葵花”图、第140页“道明寺樱花饼”图、第151页“蕨菜”图、第156页“葛”图、第164页“煎茶卷”图、第201页“青柚子”图除外）
设计 · 装订：小川直树
法语校对：酒卷洋子

食器合作：Miyazaki食器株式会社
合作：一般社团法人日本发酵文化协会

参考文献

《有益身体的水果手帐》 高桥书店
《干货和保存食材事典》 诚文堂新光社
《野菜、野草的贪吃图鉴》 农山渔村文化协会
《素材的调味料手帐》 高桥书店
《地域食材大百科 第3卷 果实 · 果仁 · 香料 》农文协
《水果导航》
《蔬菜导航》